新生南スーダンの道路補修にあたる施設部隊。補修の総延長は280キロに及んだ。南スーダン国際平和協力業務（2011～17年）

自衛官が語る 海外活動の記録

進化する国際貢献

桜林美佐［監修］
自衛隊家族会［編］

並木書房

クウェート沖で浮流機雷の警戒にあたる補給艦「ときわ」の乗組員。派遣期間は188日間に及び、機雷34個を処分した。ペルシャ湾機雷除去・処理業務（1991年）

道路の補修を行なう施設部隊。作業に必要な原材料は現地の採石場で隊員自ら採集するなどして確保に努めた。カンボジア国際平和協力業務（1992～93年）

ルワンダ共和国の内戦により発生した大量の難民を支援するため医療・防疫・空輸などの救援活動を実施した。ルワンダ難民救援国際平和協力業務（1994年）

東ティモール避難民救援活動（1999～2000年）で初めてPKOに女性自衛官が派遣された。広報活動のため現地の子どもたちと話をしている女性自衛官。

軽装甲機動車で車列を組みながら周辺をパトロールする派遣隊員。地元住民の信頼を得ることも大切な任務である。イラク人道復興支援活動（2003～09年）

イラク南部のサマーワにて勢揃いした第３次イラク復興支援群の隊員たち（2004年）。医療・給水・公共設備の復旧整備などを実施した。

クウェートのアリ・アルサレム空軍基地を拠点に延べ821回にわたりイラク南部にC-130H輸送機で人員・物資を空輸した。写真は任務運航800回達成の様子。

医療分野の改善にも取り組み、ムサンナ県内の新生児死亡率は約３分の１に減少した。補修された学校の生徒たちと交流する女性自衛官。

南スーダンでインフラの補修や整備、避難民キャンプの生活改善に努める施設部隊。南スーダン国際平和協力業務（2011～17年）

トルコ北部で発生した大地震の被災者に仮設住宅500戸を海上輸送。写真は補給艦「ときわ」（右）から洋上補給を受ける輸送艦「おおすみ」。トルコ国際緊急援助活動（1999年）

統合運用の先駆けとなったインドネシア国際緊急援助活動（2005年）。緊急援助空輸隊のC-130H輸送機は救援物資を輸送し、被災者を移送した。

油圧ショベルを用いて大量の瓦礫を除去する施設部隊。避難民キャンプの造成や道路の補修作業にも従事した。ハイチ国際平和協力業務（2010～13年）

ハイチ派遣救援隊は第7次隊まで延べ5184人が従事し、孤児院宿舎の建設も行なった。写真は完成した孤児院を訪問する女性自衛官。

LPGタンカーを護衛する第25次隊の護衛艦「すずつき」。ソマリア沖・アデン湾海賊対処行動（2009年〜）

ジプチを拠点にソマリア沖・アデン湾において警戒監視飛行を続けるP-3C哨戒機と派遣隊員。写真は第27次隊要員。

監修者のことば

桜林美佐（防衛問題研究家）

高く評価されている自衛隊の海外活動

『南洲団（みなみすーだん）』という小冊子があります。これは、2013年頃に南スーダンに派遣されていた部隊が現地で作っていた広報誌で、隊員と現地の人々との写真が数多く掲載されています。4～5ページほどの簡素なものですが、写真に映し出されている表情のほとんどが笑顔に溢れていることに驚かされます。

この小冊子作成のスタッフ名を見ると、監修が梅本哲男2等陸佐、編集と写真撮影を有薗光代2等陸尉、写真はほかにも池田光弘1等陸尉、藤元のぞみ2等陸曹（いずれも階級は当時）が担当したとのことで、女性自衛官の有薗2尉を中心に、灼熱の太陽の下を駆け回り、砂埃の中で制作に励んだのであろう様子がうかがえます。

女性がカメラを向けて語りかければ心がほぐれ笑顔になる。笑顔に埋め尽くされたこの広報誌は日本で待つ留守家族の皆さんの拠(よ)り所になったに違いありません。

ふだんは言えないご主人や奥さんへの言葉や伝えたい気持ちを紙上で交換する「1万2000キロのラブレター――気持ちの交差点」にはほろりとさせられますし、また、あまり知られていない活動についても記されています。

たとえば、隊員たちによる孤児院の訪問と支援。発電機を設置したり、そこで和太鼓の演奏や折り紙、あやとり、竹馬といった日本の伝統的遊びやバレーボールをしたりして子供たちと触れ合ったといいます。

そして、現地で奉仕活動するイエスのカリタス修道女会への支援も実施したそうです。教会敷地内の草刈りや荷物の運搬など力仕事は、女手だけではたいへん難儀なことで、「自衛隊の皆さんには、感謝の気持ちでいっぱいです」というシスター下崎優子さんからの言葉が掲載されています。

しかし、この派遣のあとに現地の状況は悪化し、配布する食糧も不足したため、シスター下崎の手記によれば食糧配付の際は命がけだったことがわかります。

「配布を受けられなかった若い女性たちは、私たちに石をなげはじめました。私たちはこの状態にも負けず、神父さまと教会役員と共にゲートを開き、食べ物がもうないことを見せました。罵倒する人びとに、『あなた方が文句を言うのは、教会じゃないでしょう。大統領と政府に戦いを止めるよう

第４次南スーダン派遣施設隊の隊員たちが現地で発行した広報誌『南洲団（みなみすーだん）』。ここには現地の人々との交流が生き生きと紹介されている。

に言うのが、国民の義務でしょう。どれだけの世界中の教会の人が南スーダンのために、支援していると思っているの。あなた方が秩序を守らないなら、私たちはあなた方を助けない』と言いました。人びとは、少しずつ帰って行きました」

（カトリックサレジオ修道会ＨＰより）

その日の食べ物を得るために、このようなすさまじい状況になっている同じ時に、日本では「駆けつけ警護」や「日報」などで国会が紛糾していたことを思うと、いかに現場の実情とかけ離れた議論に明け暮れていたかを思い知らされます。

もちろん、こうした民間レベルの活動と自衛隊派遣は本来、別次元のもので、自衛隊が責任を負うものではありません。しかし、実際の現地での活動は、外務省やＪＩＣＡ（国際協力機構）、ＮＧＯ（非政府組織）などと連携して行なうこともあり、いわば「オールジャパン」の取り組みも多いようです。日本人として協力し合う関係が築かれていたと言っていいのです。単純に、ここからここまでは自衛隊、といった線引きはできないのが現実でしょう。

私たちの暮らしとは天と地ほど違う治安環境の中で、自衛隊がそこにいるだけでも安心感があったはずです。私自身は、当地の治安状況が悪化した時、一刻も早く撤収してもらいたいと思いましたが、現場の空気感を知っている人にとってはまた違う思いがあったのかもしれません。

現状の自衛隊の国際活動のあり方がいいのか悪いのか、その議論は南スーダンからの自衛隊撤収によって、またも先送りになった感があります。しかし、少なくとも日本国内からの観点だけではなく、多様な視点で考えなくてはならないのだと思います。

そんな中でも、現地の人々から日本隊に送られた言葉は救いになります。

「謙虚で協力的。親切。偉そうにしないわ！」

「よく働く。規律正しい。100パーセント文句のつけようがない！」

「分け隔てなく、誰でも助けようとする。こんな外国人は見たことがない！」

などなど……。

この時の派遣に限ったことではなく、自衛隊の海外での活動はつねに高い評価を得てきました。

どのようにして、これだけの実績を上げてきたのか、なぜ日本の自衛隊は活躍できるのか、本書では自衛隊家族会の防衛情報紙『おやばと』に掲載された関係者の手記を紹介し、これまでの自衛隊による国際活動について振り返っています。また、それぞれの海外活動の実績と派遣先は26〜31ページに一覧にしてあるのでご覧ください。

引き継がれる歴史と経験

自衛隊史上初めての海外派遣は海上自衛隊によるペルシャ湾での機雷掃海活動でした。初の海外派遣が掃海部隊であったことは、歴史的な因縁も感じさせられます。というのは、日本は戦後、周辺の海にばらまかれた機雷を除去しなければならず、これを旧海軍の軍人であった人々が行ないましたが、朝鮮戦争の際にも朝鮮半島沿岸で海上保安庁の特別掃海隊が掃海作業を行なっていたからです。

アメリカはこれらの日本の働きを高く評価していましたから、湾岸戦争で資金援助以外になすすべがなく顰蹙（ひんしゅく）を買っていた日本に、機雷掃海作業を行なうことによる名誉回復を進言したのです。

しかし、朝鮮に出動した特別掃海隊では殉職者も出ており、この作業には危険が不可避であることは確かでした（詳しくは拙著『海をひらく』をご参照ください）。

第14掃海隊司令（当時）森田良行さんの回想では、そうした日本の知られざる過去の記憶からも、ひとりの犠牲もなく帰って来られるのか、苦悶する心境が記されています。

「ペルシャ湾への派遣は、1991年4月16日に『ペルシャ湾における機雷等の除去の準備に関する長官指示』により出港準備作業を開始し、4月26日には出国という、準備期間がわずかに10日間ほ

ペルシャ湾を目指して航行する掃海艇。

どときわめて短かった」(40ページ参照)

とあるように、それだけの大事業であったにもかかわらず、政治的な事情により自衛隊にとっても隊員やその家族にとっても準備期間はとても短いものだったのです。

この掃海部隊の活動に端を発し、自衛隊はPKO(平和維持活動)にも出て行くようになります。陸上自衛隊によるカンボジア、モザンビーク、ルワンダと続いたPKOでは厳しい環境の中で文句も言わずに活動する隊員たちの姿が窺えます。

ルワンダ難民救援隊長(当時)の神本光伸さんの手記によれば、活動を始めてまもなくすると、花壇を整備する人を見かけ、聞けば市長が命じたのだといいます。市長にそうした気持ちを起こさせたのは、規則正しく勤勉に働く隊員たちだったということで、自衛隊の一挙手一投足の影響力の大きさを物語っています。

「日本人としての当然の立ち居振る舞いが、ゴマ市民を勇気づけたのだ。これは嬉しい驚きだった」（62ページ参照）とあるように、決して命令で行なうものではない、ごく自然な生活態度の大切さがわかります。

次なる派遣はゴラン高原でした。この「国連兵力引き離し監視隊（ＵＮＤＯＦ）」は、シリア情勢が悪化した２０１３年まで実に17年間続けられていました。

第１次ゴラン高原派遣輸送隊長（当時）佐藤正久（現参議院議員）さんは、花嫁の嫁入り道具の輸送支援から除雪作業まで多種多様な任務をこなしていた日本隊は、約40人の陣容ながら「日本隊は２００人くらいの規模だと思っていた」（68ページ参照）と、他国の派遣部隊から驚かれたと書いています。

また、第３次ゴラン高原派遣輸送隊長（当時）の本松敬史（現西部方面総監）さんのエピソードは隊員さんたちの表情が目に浮かぶようです。

予定の時間に遅れたり、約束を守ってくれないことがしばしばある現地の人々に、厳しい教育を受けてきた自衛官たちとしては、「耐えられない態度であり、腹が立つのを通り越して、情けなくなることもしばしばであった」ということですが、そのうちにシリアの人だけでなく、他国の派遣部隊も「明日できることはもう今日やらない」といった傾向があり「次第にこれに慣れてしまった」といいます。そして、そのうちに「愛すべき対象に思えてきた」（74ページ参照）という、行った人にしかわからない摩訶不思議な心情が吐露されています。

この、最も長く続けられたゴラン高原での活動から日本は撤収しましたが、「ＰＫＯの学校」の異名があるように、ここでの活動は陸上自衛隊の経験値を大いに積み上げることになりました。

多くの先輩から後輩へ、その経験は引き継がれ、最後に日本部隊の看板を下ろした隊員たちには熱い思いがこみ上げたと聞きます。

続いて赴いた東ティモールでは、第3次東ティモール派遣施設群長（当時）を務めた田邉揮司良さんが述べられているように、現在各所で行なわれているキャパシティ・ビルディングの先駆的な仕事をしています。

「道路の維持補修においては、現地住民を雇い、技術指導をしながら、隊員たちは彼らとともに食事をし、汗を流して工事を行なった」（84ページ参照）

とあるように、現地の人々への技術教育が、自衛隊ならではの働きをますます発揮することになりました。

自衛隊の真価が問われる機会に

そして、やはり陸上自衛隊にとって大きな転換期となったのは、イラク人道復興支援でしょう。前述の佐藤正久さんは第1次イラク復興業務支援隊長も務めました。

国内では派遣反対論も強く、自衛隊は決して快く見送られたとはいえませんでした。日本の民間航空機に乗ることも許されず、成田では迷彩服姿での立ち入りを禁じられるありさまで、隊員たちは空港に向かうバスの中でわざわざスーツに着替えて飛行機に搭乗しなければならなかったのです。

派遣隊員輸送を買って出てくれたのはノースウエスト航空でしたが、機内での思いがけない配慮にはホロっときてしまいます（91ページ参照）。ぜひ、本文をお読み下さい。

第1次イラク復興支援群長（当時）の番匠幸一郎さんが挙げているポイントは、一つひとつが非常に重みがあります。

「現地に赴いて活動を進めながら、私はイラクにおいて特別なことをしているという意識はほとんどなかった。むしろ、日々の任務や生活のすべてが、これまで教え育てられてきたことの延長線上にあると感じていた。特に入隊以来自衛官として教えられてきたことのすべてが、このイラクでの任務に直結していることを実感した」（98ページ参照）

当たり前のように思われるかもしれませんが、実際に所属部隊の日常と、遠く離れた異国での活動は、気候、風土、生活習慣、時間の流れも何もかも違う条件です。しかし、どんな場所であれ、部隊が精強であることは不変的なものだということなのではないでしょうか。

たとえば、駐車車両が並ぶ間隔は計ったように同じであるとか、宿営地周辺にはゴミひとつ落ちていないとか、そういう、隙を作らないことが「手出しはできない」印象を強く与えるのです。

イラクには「復興支援」という役割を担って行きましたが、もう一つの成果として「何も起きなかった」こと、つまり「一発の銃弾も撃つことなく」任務を終えたことも成果と言えるのではないかと思います。ほかの派遣活動でも同様ですが、特に混とんとした状況下にあったイラクにおいては、自衛隊の規律こそが、こうした結果となって現れたのではないかと想像します。

それだけに「日本にいて日々当たり前のように感じていたことの本当の意味を教えられ、またその真価を問われる機会となった」（99ページ参照）の言葉は、ものすごく緊張感をともなう響きがあります。

第3次イラク復興業務支援隊長（当時）岩村公史（現第9師団長）さんによれば、「昼間の気温は50度を越し、ドアノブを素手でさわると火傷してしまうくらいの暑さで、すべてのものが沸騰しているかのようだ」（113ページ参照）といい、その暑さの中では「それまで温厚だったイラクの人々の様子がガラッと変わる。イライラとした、とげとげしい態度になった」ということです。

気持ちに余裕がある時は自衛隊への協力も惜しまず、時には体を張って支えてくれた現地の人々も、厳しい気象条件下で心が離れる可能性もあり、それだけに自衛隊としても何らかの成果をイラクの人たちに示したいという思いが募っていくという心理状況が読み取れました。

また、イラクには航空自衛隊も派遣されました。第1期イラク復興支援派遣輸送航空隊司令（当時）の新田明之さんが振り返るように、これは「実戦経験がない航空自衛隊の初めての脅威下での運航」（110ページ参照）でした。

地元の子供たちと笑顔で接する派遣隊員。イラク南部のサマーワにて。

私は愛知県の小牧基地で出発する隊員さんを見送ったことがありますが、「パパ、バイバイ！ パパ、バイバイ」と何度も繰り返してC-130H輸送機が見えなくなってもなお手を振り続けていた子供たちの姿が目に焼きついています。緊迫した状況下で任務完了した航空自衛隊の皆さんには改めて感謝の思いを強くしています。

国際活動では撤収も大事業になります。それは陸自も空自も同様で、航空自衛隊のイラク復興支援派遣撤収業務隊司令（当時）寒河江勇美さんのエピソードは、自衛隊にとっての「撤収」が、いかに完璧を目指しているかわかります。

宿舎はクウェート軍から借用していたそうですが、後片付けの作業は現地業者と契約して行なう必要があります。砂が舞い、視界も奪われるようなこの場所は、砂塵が室内に入りつねに白っぽくなっているといいます。掃除をしても、どうせ汚れてしまうわけですが「借りた時以上にきれいな状態にして返す」（131ページ参照）ということで、徹底的な清掃を要求したものの まったく理解されず、最後は自分たちでやってみせて仕上げてもらったそうです。

百数十年前の恩返し

ＰＫＯやイラク復興支援のような、いわば大規模な派遣の傍らで、災害に見舞われた国に急行する国際緊急援助隊の活動も数々こなしてきました。

１９９９年8月17日、トルコ共和国北西部でＭ７・４の地震が発生、死者1万人以上、50万人を超える人々が、住居を失うなどの被害を受けました。日本政府は、阪神・淡路大震災で使用し、保管していた仮設住宅５００戸を海上自衛隊の艦艇でトルコに届けることを決定します。

これは海上自衛隊にとって初の国際緊急援助隊となり、その時の慌ただしい様子が、トルコ共和国派遣海上輸送部隊指揮官（当時）小森谷義男さんの記述で見えてきます。（１４１ページ参照）

ところで、トルコといえば、昨今は、ロシアから装備品を購入し、米国との関係が冷え込むなど何かと物議を醸す話題が多いのですが、日本との歴史的な絆はつとに知られています。

明治23（１８９０）年に、日本を訪れ帰路に就こうとしていたオスマン帝国の軍艦「エルトゥールル号」が台風により遭難し、５８７人が殉職、生存者はわずか69人という大海難事故が起きました。

この時、和歌山県串本町の人々が、不眠不休で生存者の救助や行方不明者の捜索などを行ない、翌年、生存者は無事にイスタンブールに帰り着くことができたのです。

そして、それから95年の月日が経ち、イラン・イラク戦争が続いていた1985年3月にイラクのサダム・フセイン大統領が「今から48時間後に、イランの上空を飛ぶ飛行機を無差別に攻撃する」という声明を発表しました。

イランに住んでいた日本人は、急ぎ出国を試みましたが、あらゆる航空機が満席となり、身動きがとれなくなりました。

世界各国が自国民を救出するために救援機を出していましたが、日本からは安全確保が十分でない状況では航空機を出すことができないということで、邦人たちは途方に暮れるしかなかったのです。

そんな時に救いの手を差し伸べたのがトルコでした。トルコから駆けつけた救援機2機によって、日本人215人全員がイランを脱出できたのです。タイムリミットまであと1時間というタイミングでした。イラン在住のトルコ人も多数いましたが、その移送のための航空機を日本人のために譲り、トルコ人は陸路で避難をしたのです。

「エルトゥールル号の借りを返しただけです」

トルコの航空機がなぜ日本人を助けてくれたのか、マスコミ関係者も当時は首を傾げたといいますが、当時の駐日トルコ大使が語ったコメントに驚かされることになります。

「エルトゥールル号の事故に際して、日本人がしてくれた献身的な救助活動を、今もトルコの人たちは忘れていません。私も小学生の頃、歴史の教科書で学びました。トルコでは子供たちでさえ、エルトゥールル号のことを知っています。今の日本人が知らないだけです。それで、テヘランで困っている日本人を助けようと、トルコ航空機が飛んだのです」(串本町HPより)

海上自衛隊がトルコの大地震に際し、素早く援助に急行したのは、このイラン・イラク戦争の際の恩返しだったとも言えます。

「エルトゥールル号」の遭難、イラン・イラク戦争でのトルコ機による邦人救出、そしてトルコ大地震への緊急援助隊と続く、2国間の友情。このような歴史的経緯を知っていると、ひとつの国際活動の背景にある大きな歴史ドラマを実感することができます。

求められる、さらなる取り組み

国際緊急援助隊は国内での災害派遣同様、まったく予期できない突発的な活動ですが、自衛隊はこれ以降も災害に襲われたさまざまな国に出動しています。

スマトラ島沖大地震とそれに伴うインド洋の津波が発生したのは2004年12月26日でした。

多くの自衛官が冬休みに入っている時期、インド洋での給油活動を終えた艦艇も家族や友人の待つ日本への帰路を急いでいました。しかし、急きょタイに進路を変更し、被災地での捜索活動にあたることになったのです。生存者の救出はできず、津波に流されたご遺体を多数収容しました。津波被害にあったご遺体はあまりにも変わり果てた姿で、ひじょうに辛いものだったと当時現場で活動した方から聞いたことを思い出します。

インド洋での任務完了で、故郷で迎えるお正月をどんなに楽しみにしていたことでしょう。艦内は喜びに沸いていたと想像されます。また、ご家族は首を長くして待っていたはずで、この緊急派遣には動揺があったに違いありませんが、双方が困難を受け入れ、誠心誠意職務を全うされたことを同じ日本人として心底誇りに思いました。

インドネシア国際緊急援助海上派遣部隊指揮官（当時）佐々木孝宣さんは、この時の派遣では陸海空自衛隊の協力がスムーズに運び「統合運用の先駆け」（151ページ参照）になったとしています。

パキスタン・イスラム共和国国際緊急航空援助隊長（当時）堀井克哉さんは、休日に国際緊急援助隊に出るかもしれないとの電話を受け、約3時間後には帯広を出発して3日も経たないうちにパキスタンに到着したといいますから、だんだんと「ファストイン、ファストアウト」の態勢になってきたことがわかります。（152ページ参照）

平成20（2008）年3月末に、陸上自衛隊「中央即応集団（CRF）」（当時）の隷下部隊「中央即応連隊」が新編されたことも、こうした活動の迅速性を高めることになりました。

ハイチ派遣国際救援隊長（当時）山本雅治さんのリポートにあるように、各種予防接種も済ませておき、いつでも出動できるようになったことは、すなわち計画も準備もできないままに現地に入ることを意味しています。

「当初の1週間は、兵站物資の到着を待つ状態であったため、隊員たちは寝るのも地べたに横になり、温かい食事もシャワーもなく、気温40度の環境で、汗まみれになりながら準備作業にあたりました」（159ページ参照）とあり、想像を絶する環境です。

私がいま住んでいる近くには陸上自衛隊の駐屯地があり、とても日射しの強い地域にもかかわらず、真夏のそれも正午頃に、駆け足をしている自衛官の姿を毎日のように見かけます。休日も同じように走っています。世間では熱中症の危険を呼びかけるなかで、なぜ、こんな時に？と思っていましたが、いざという時の活動の過酷さを考えれば、納得のひとコマだったわけです。

また、日本国内においては災害時でも給食や給水の列に従い、並んでひたすら待つことは当たり前の光景ですが、諸外国では支援物資に人々が殺到し、暴動の危険性がつねにあることも国際緊急援助隊での経験から学ぶことになります。

しかし、だからといって他国の部隊は危険回避のため物資を空中投下して配るなかでも、自衛隊は日本でのやり方と変わらない方法をとっているとみられ、そうした、いわば日本の流儀という点で、自衛隊の海外における災害支援の活動は一目置かれているのだと思います。

ハイチ派遣国際救援隊（第7次要員）隊長（当時）菅野隆（現教育訓練研究本部研究員）さんは同

ミッションで初の試みとなった、装備品譲渡が行なわれたことについても言及されています。（163ページ参照）

これまでの国際活動では、現地で使用したあらゆるものを持ち帰る必要がありました。天幕であれ備品であれ、帰国時に日本の検疫を通すためには完璧な洗浄が必要で、そのために相当な時間と労力を費やしていました。

一方で、自衛隊が派遣された多くの国で現地の人たちからは「ぜひ置いていって欲しい」という声もあったようですが、規則上どうしても要望に添うことができずにいたのです。

せっかく現地に喜ばれる働きをしても、最後の最後で自衛隊はケチだとか、融通が利かないなどと思われるのは得策ではなく、この問題に関してはかねてより改善を求める声が上がっていました。

その規制がやっとのことで緩和されたのは歓迎すべきことです。装備品に関しては、２０１１年の民主党政権時に武器輸出３原則が見直され「平和貢献・国際協力をともなう案件は、防衛装備品の海外転移を可能とする」とされたことで大きく前進しました。

許容範囲の拡大には、防衛省・自衛隊としての物品管理上の問題や、それにともなう予算措置など各省庁をまたいだ前向きな取り組みが求められるものと思われますが、一層の進展を期待したいところです。

菅野さんはハイチで出会った2人の日本人についても触れています。「ハイチのマザーテレサ」の存在は知りませんでした。ぜひ手記をご覧いただきたいと思います。

今も続く海賊対処行動

海上自衛隊による海賊対処活動が始まったのは２００９年のことでした。ソマリア沖ではタンカーの船員が人質に取られ、身代金を要求される事案が多発していました。海運会社としては船内にシェルターを設置する検討をしたり、民間警備員を雇用するなど、さまざまな方法を模索していましたが、決定的な解決策にはなりませんでした。

また、いずれも高額なコストをともなうもので、何よりそのような危険な仕事を引き受けてくれる船員の確保も問題になってきていました。すでに日本人船員はほとんどおらず、担い手はほとんどフィリピンなどの外国人だったのです。

ここに海上自衛隊が派遣され護衛任務に就くことについて、さまざまな関係者が動き、当時私も微力ながら各所でその必要性を発信しました。

それまで日本の船員の皆さんと海上自衛隊はまったくといっていいほど接触はありませんでした。先の大戦で日本商船隊が被害に遭い乗組員が亡くなった割合が陸海軍よりも上回っていたという辛い記憶から、旧軍に対する大きな不信感となり、それが自衛隊にも向けられていたのです。

しかし、海賊の持つ武器や襲撃の方法はとても警察力では対処しきれるものではなく、各国も軍を派遣していました。イメージが湧かない方はぜひ、実話を基に製作されたトム・ハンクス主演のアメリカ映画『キャプテン・フィリップス』を観ていただければと思います。

映画は決して大げさではありません。実際に人質になった経験を持つフィリピン人船員の話を聞くと、やはりもう二度と船に乗りたくないということでした。身代金を払えば解決するというものではなく、船員たちが離れていくことは、海上輸送が国民生活の生命線である日本にとって死活問題なのです。それでも私たちのために命を懸けて下さい、お願いしますというわけにはいきません。

日本の生命線を守るためにも、海運業界と海上自衛隊の関係を新たに作り出すことが必要でした。最終的に船主協会や経済界からの要請により海上自衛隊の派遣に至り、今では船主協会主催による海上自衛隊への「感謝の集い」も定期的に行なわれるようになったことは感慨深いものがあります。

第1次派遣海賊対処行動航空隊指揮官（当時）の福島博（現下総教育航空群司令）さんの回想では、あまり知られていない空からのパトロールの様子が記されていて、「日本の面積に匹敵するほど広大なアデン湾を航行する多数の船舶を確認し、識別するという作業を1隻1隻丹念に実施するのです」（188ページ参照）とあり、気の遠くなるような作業であることを改めて認識させられます。

問われる海外活動への認識

本書に収録されている手記は、すべてこれまでの国際活動のリアルな体験談です。現場の実態は一つひとつを読んでいただくのがベストですが、その前にひとつ読者の皆さまと認識の確認をしておきたいと思います。それは、私たち日本人の「現在地」についてです。

ペルシャ湾の掃海部隊派遣に始まり、ＰＫＯや国際緊急援助隊など、海外での活動の「進化」をざっと振り返りましたが、これはあくまでも自衛隊の活動年表です。

敗戦から立ち上がり、アメリカ軍の必要に応じるかたちで警察予備隊が設けられ、その後、自衛隊と名を変えてもなお「憲法違反」との誹(そし)りを受け続けてきた歴史からすれば、海外での活動やそこにおいて押しも押されもせぬ「軍」と認められることは「進化」にほかなりませんが、これは日本国内における視点にすぎません。

各地で実施されている国際活動とは、慈善事業でも奉仕活動でもなく、世界を揺るがしている紛争やテロとの間接的な戦いです。これを「国際貢献」だと思ってきたのは日本人だけかもしれません。世界が協力して築こうとしている平和に、日本がどのように関与していくつもりなのか、諸外国はそのようにわが国を眺めているかもしれないのに、私たちはいつまでも国内目線で、甘い現状認識の中にいるといえます。この、自衛隊の「現在地」と今後の進路については、「あとがき」でさらに触れたいと思います。

まずはこれまでの海外活動の主役となった皆さんの筆による体験記をお読み下さい。

目次

派遣部隊等	派遣の根拠となる法令
掃海部隊	自衛隊法第99条
停戦監視要員(1～2次)／施設大隊(1～2次)	国際平和協力法
司令部要員(1～2次)／輸送調整部隊(1～3次)	
ルワンダ難民救援隊／派遣空輸隊	
司令部要員(1～12次)／輸送部隊(1～34次)	
医療部隊／空輸部隊	国際緊急援助隊法
海上輸送部隊	
空輸部隊	国際平和協力法
物資支援部隊／空輸部隊	国際緊急援助隊法
空輸部隊	国際平和協力法
派遣海上支援部隊(1～19次)／空輸部隊	テロ対策特措法
司令部要員(1～2次)／施設部隊(1～4次)	国際平和協力法
空輸部隊	
空輸部隊	
復興支援群(1～10次)／復興業務支援隊(1～5次)／後送業務隊／海上輸送部隊／派遣輸送航空隊(1～16期)／撤収業務隊	イラク人道復興支援特措法
空輸部隊	国際緊急援助隊法
派遣海上部隊	
統合連絡調整所／医療援助隊／航空援助隊／海上派遣部隊／空輸部隊	
派遣海上部隊	

自衛隊の海外活動派遣実績（2019年9月現在）

活動・任務の区分	派遣期間
ペルシャ湾機雷除去･処理業務	1991年4～10月
国連カンボジアPKO	1992年9月～1993年9月
国連モザンビークPKO	1993年5月～1995年1月
ルワンダ難民救援活動	1994年9～12月
国連ゴラン高原PKO	1996年2月～2013年1月
ホンジュラス(ハリケーン災害)国際緊急援助活動	1998年11～12月
トルコ(地震災害)国際緊急援助活動	1999年9～11月
東ティモール避難民救援活動	1999年11月～2000年2月
インド(地震災害)国際緊急援助活動	2001年2月
アフガニスタン難民救援活動	2001年10月
テロ対策特措法に基づく協力支援活動	2001年11月～2007年11月
国連東ティモールPKO	2002年2月～2004年6月
イラク難民救援活動	2003年3月
イラク被災民救援活動	2003年7～8月
イラク人道復興支援活動	2003年12月～2009年2月
イラン(地震災害)国際緊急援助活動	2003年12月～2004年1月
タイ(地震･津波災害)国際緊急援助活動	2004年12月～2005年1月
インドネシア(地震･津波災害)国際緊急援助活動	2005年1～3月
ロシア･カムチャッカ半島(潜水艇事故)国際緊急援助活動	2005年8月

航空援助隊／空輸部隊	国際緊急援助隊法
医療援助隊／空輸部隊	
軍事監視要員(1～4次)	国際平和協力法
派遣海上支援部隊(1～7次)	補給支援特措法
司令部要員(1～6次)	国際平和協力法
司令部要員／(海)派遣水上部隊(1～34次)／派遣航空隊(1～36次)／(陸)対処行動支援隊／(空)空輸隊	自衛隊法82条／海賊対処法
統合連絡調整所／医療援助隊	国際緊急援助隊法
統合連絡調整所／空輸部隊／医療援助隊	
司令部要員(1～6次)／施設部隊(1～7次)	国際平和協力法
軍事連絡要員(1～4次)	
統合連絡調整所／航空援助隊 ／海上輸送隊／空輸部隊	国際緊急援助隊法
空輸部隊	
司令部要員(1～11次、継続中) ／現地支援調整所(1～4次)／施設部隊(1～11次)	国際平和協力法
現地運用調整所／統合任務部隊	国際緊急援助隊法
現地支援調整所／(海)派遣飛行隊／(空)派遣飛行隊	
(ガーナ)現地調整所／空輸隊	
現地支援調整所／派遣水上部隊	
統合調整所／医療援助隊／空輸隊	
派遣航空隊	
現地調整所／空輸隊	
司令部要員	国際平和協力法

パキスタン(地震災害)国際緊急援助活動	2005年10～12月
インドネシア(地震災害)国際緊急援助活動	2006年6月
国連ネパール政治ミッション(PKO)	2007年3月～2011年1月
補給支援特措法に基づく活動	2008年1月～2010年1月
国連スーダン・ミッション(PKO)	2008年10月～2010年11月
ソマリア沖・アデン湾海賊対処行動	2009年3月～継続中
インドネシア(地震災害)国際緊急援助活動	2009年10月
ハイチ(地震災害)国際緊急援助活動	2010年1～2月
国連ハイチ安定化ミッション(PKO)	2010年2月～2013年1月
国連東ティモール統合ミッション(PKO)	2010年9月～2012年9月
パキスタン(洪水災害)国際緊急援助活動	2010年8～10月 （部隊派遣）
ニュージーランド(地震災害)国際緊急援助活動	2011年2～3月
国連南スーダン共和国ミッション(PKO)	2011年11月～2017年5月
フィリピン(台風災害)国際緊急援助活動	2013年11～12月
マレーシア(航空機事故)国際緊急援助活動	2014年3～4月
西アフリカ(エボラ出血熱流行)国際緊急援助活動	2014年12月
インドネシア(航空機事故)国際緊急援助活動	2014年12月～2015年1月
ネパール(地震災害)国際緊急援助活動	2015年4～5月
ニュージーランド(地震災害)国際緊急援助活動	2016年11月
インドネシア(地震・津波災害)国際緊急援助活動	2018年10月
シナイ半島多国籍部隊・監視団 (MFO：国際連携平和安全活動)	2019年4月～

自衛隊の海外活動派遣先（2019年9月現在）

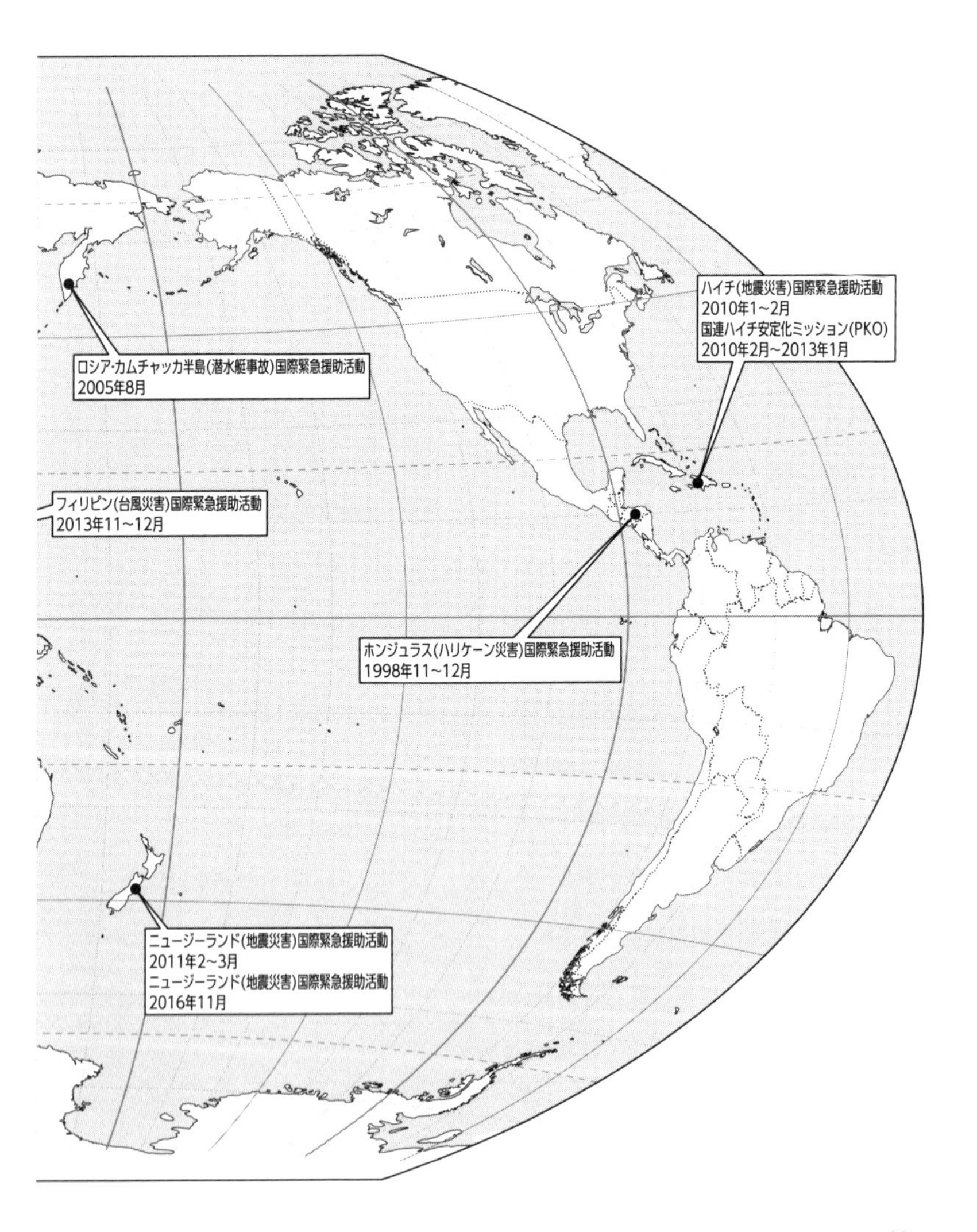

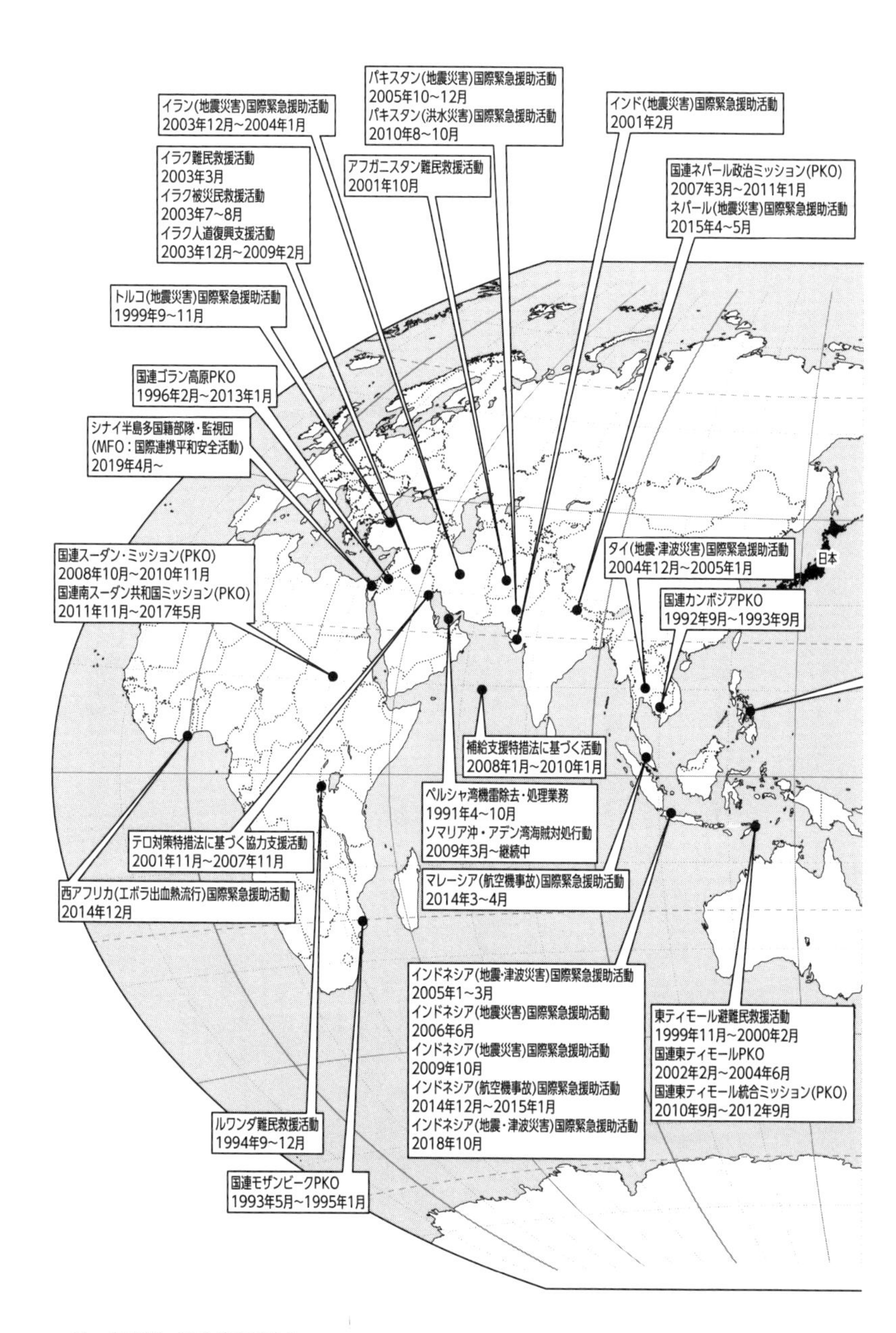

31　自衛隊の海外活動派遣先

序　平時の自衛隊の主任務になった「海外活動」

日本の「独立」に寄与した朝鮮戦争時の掃海任務

戦後、日本人が国際社会の安定や平和維持のために、身を挺して任務を遂行した歴史を紐解けば、朝鮮戦争（1950〜53年）において、米国の要請により、海上保安庁の隷下で編成された「特別掃海隊」が極秘のうちに北朝鮮沿岸の機雷除去任務に就いたことから始まっています。

この特別掃海隊は、砲弾飛び交う「戦場」で、1人の犠牲者と18人の重軽傷者を出しながら任務を完遂し、国連軍の上陸作戦の成功に寄与したのです。ほかにも、日本赤十字社の看護師や米国船の労務者などを含めて多くの犠牲者を出しました。

戦後の混乱期とはいえ、これらの偉業の細部については今もって明らかにされていませんが、日本人の「汗」と「血」や「涙」が「サンフランシスコ講和条約」の早期締結、つまり、わが国の「独立」を早める結果をもたらしたのでした。

日本の実質的な貢献を求めた国際社会

日本国憲法のもと、「海外派兵」を禁止し、「専守防衛」に徹することを戦後の防衛政策の柱としてきたわが国では、今からわずか30年ほど前までは陸海空自衛隊が海外において活動するなど、国民誰しも想像すらしないことでした。

当事者である自衛隊もそのような認識のもと、国土およびその周辺において、ひたすら「国土防衛」や「災害派遣」などに勤しむことをもって「自衛隊の任務」としてきました。

今にして思えば隔世の感がありますが、時あたかも冷戦のさなか、自衛隊の編成、配置、装備、そして教育訓練まで、当時、蓋然性が最も高いと見積もられていたソ連の侵攻にいかに対処するかの「一本槍」だったわけです。

ところが、冷戦終焉にともなう国際社会の劇的な変化、なかでも中東情勢の急激な変化は、わが国に対しても国際社会の安定化に向けて実質的な貢献を求める事態となったのです。

その象徴的な出来事が、1991年の湾岸戦争の際、わが国が行なったのは総額135億ドル（当時のレートで約1兆7700億円）の戦費を拠出しただけで、一切の人的貢献をしなかったことでした。日本としては精いっぱいの貢献でしたが、国際社会から見れば非常識であり、顰蹙を買う結果となったのです。「一国平和主義」「憲法が禁止している海外派兵はできない」という態度が通用しなくなった瞬間でした。

こうして、国際社会の批判をかわし、湾岸戦争をリードした米国の対日信頼を回復する人的貢献として浮上したのが、ペルシャ湾への「掃海部隊」派遣でした。

そのきっかけは、朝鮮戦争時に「世界中で最も熟練した掃海部隊」として記憶に残っていた米国からの提案だったといわれます。まさに40年前の歴史をなぞるような運命的な巡り合わせでした。この時も、窮地に追い込まれた日本を救ったのは「掃海部隊」だったのです。

このように、人的貢献を開始するに至った「正常とは言えない動機」に加え、1991年から92年、国会における「PKO協力法」審議時の「別組織論」や採決時の「牛歩戦術」など、今となっては隔世の感があり、失笑してしまうような経緯を経て、不十分ながらも自衛隊の「海外活動」の根拠となる法制が出来上がったのでした。

その背景として、当時は、先の大戦の後遺症や憲法解釈から自衛隊に対する不信感も根強く、さらに、紛争に巻き込まれるとの主張も声高に叫ばれるなど、国論が二分されていたこともありました。

高く評価されている自衛隊の活動

ペルシア湾への「掃海部隊」派遣以来、自衛隊の「海外活動」（本書では自衛隊のさまざまな国際貢献のための活動を「海外活動」と呼称します）は、「自衛隊の海外活動派遣実績」と「自衛隊の海外派遣先」（26～31ページ）のとおりです。

海外における任務の遂行には、依然として課題も少なくないですが、関連法令も逐次整備され、「海外活動」は、今や平時における自衛隊の主任務の一つになりつつあります。

「海外活動」は、「掃海部隊」派遣までは自衛隊にとって未知の分野でしたので、それでなくとも不安や心細さがつきまとったことは容易に想像できます。さらに国を挙げて自衛隊を応援する態勢のないまま、時には「自衛隊の海外派遣反対」の心ないデモを避けるよう隠れながら出国したこともありました。家族と離れ、それこそ命を懸けて派遣先に赴く隊員たちの「くやしさ」や「やるせなさ」は募るばかりだったことでしょう。それでも、隊員たちは不平不満を一切口に出さず、つねに「日の丸」を背負った誇りと使命感を抱きつつ、厳正な規律を維持して与えられた仕事（任務）を確実にこなしてきました。

加えて、自衛隊員、いや日本人特有の「やさしさ」や「思いやり」を遺憾なく発揮し、現地の人々の目線に立ってきめ細かく活動した結果、派遣先国のみならず国際社会から、例外なく、高い評価を得る結果となり、今日に至っております。

「練度の高さ」「厳正な規律」そして「きめの細かさ」は、組織の「精強さ」を表す尺度でもあります。当然、それらは自らの安全確保にも直結し、今日まで「海外活動」において1人の犠牲者を出さなかった要因にもなっているのです。

本書について

　さて、本書は、陸海空自衛隊がこれまで実施したさまざまな「海外活動」を振り返り、活動の実績、成果を紹介するとともに、実際にそれぞれの活動に参加した指揮官、幕僚、隊員たちの手記によって、マスメディアなどでは伝えられていない当時の苦労話や経験、そしてエピソードなどを明らかにしています。

　公益社団法人「自衛隊家族会」の会員をはじめとする隊員家族の多くは、それぞれの派遣地に向かって旅立つわが子や夫・妻らの無事を祈って送り出し、任務を遂行して無事帰国したことを喜んだ経験を持っています。また全国の家族会は、これらの壮行・歓迎行事などを催すとともに、「国際平和協力活動等支援基金」を募り、毎回、各派遣部隊などへ激励金を送っています。

「海外活動」を経験した隊員や関係された家族などには、本書をとおして当時を思い出し、その意義を再認識していただくとともに、広く読者には自衛隊の海外におけるさまざまな活動の実情と、そこで汗を流しているに隊員たちの姿を知っていただき、「海外活動」に対する理解を深めていただければ幸いです。

※本書の手記は、自衛隊家族会機関紙『おやばと』に、２０１２年8月～２０１４年11月に連載したものを一部加筆・訂正し、再構成したものです。掲載写真は防衛省および陸海空自衛隊広報部より提供を受けました。

海上自衛隊掃海部隊ペルシャ湾派遣

総行程1万4千海里、自衛隊初の海外活動

第14掃海隊司令（当時）森田良行

部隊派遣の背景と経緯

自衛隊初の海外任務となったペルシャ湾への「掃海部隊派遣」の発端は、言うまでもなく1991年の「湾岸戦争」である。

突然のイラクのクウェート侵攻に対応して、国連安全保障理事会はイラク非難を決議し、即時無条件撤退と対イラク経済制裁を採択した。同時に米国を中心に34か国の多国籍軍が編成され、平和的解決に応じないイラクに対して、1991年1月7日、多国籍軍は武力行使に踏み切った。いわゆる「砂漠の嵐」作戦である。

この時日本は、人的貢献は何ひとつ行なわず、総額135億ドルの拠出のみにとどまり、この対応

は評価されるどころか、国際社会、とりわけ米国内で日本への不満と不信感が増すばかりだった。

この危機を救ったのは、ジェイムス・E・アワー氏（元・米国国防総省国際安全保障局日本部長）が新聞紙上で緊急提案した「掃海艇派遣」であり、この提案を実現するかたちで海上自衛隊部隊の派遣が決まった経緯がある。

派遣部隊は、第1掃海隊群司令、落合畯（おちあいたおさ）1等海佐の指揮のもと、掃海母艦「はやせ」、掃海艇「ゆりしま」「ひこしま」「あわしま」「さくしま」、補給艦「ときわ」の計6隻、総員511人で編成された。

1991年4月26日、各艦艇は横須賀、呉、佐世保からそれぞれ出港し、奄美群島沖で合流。シンガポールやカラチなどの寄港地を経由して、5月27日、ドバイに入港。同地で補給、船体や装備の点検整備を行なった。そして実際の機雷処分に欠かせない掃海艇の磁気測定を実施するとともに、各国派遣部隊との調整会議に参加し、情報を交換した。

危険と困難を克服、機雷34個を処分

わが部隊は、事前訓練を実施しつつ当該海域に進出、6月5日から米国などの多国籍軍派遣部隊と協力して掃海作業を開始した。

多国籍軍に遅れて参入することになったわが部隊には、各国が未着手の海域で最も危険で難しい作

ペルシャ湾に向け航行中の掃海部隊。写真手前から掃海艇「ゆりしま」「ひこしま」「あわしま」「さくしま」。

業が割り当てられた。その上、アラビア半島からの砂塵に加え、クウェートの油田火災による煤煙が漂い、さらに日中の最高気温が40度以上に達するという過酷な環境が待ち受けていた。

掃海艇の上では、機雷の回避、発見のための見張りをベテラン隊員が率先してあたり、若手隊員に模範を示したことや、米英の掃海部隊に比べて装備面で劣っていた点も隊員の技量と練度で克服した。

7月20日、多国籍軍の掃海部隊は、ペルシャ湾北部のMDR-10と呼ばれた海域を除く、ほぼ全海域の掃海が終了したとして作業を打ち切り、早々と帰国した。これに対し、日米両部隊はMDR-10とクウェート沖の航路などの安全確認が必要であると作業を継続した。

わが部隊は、この間の作業で、さらに17個の機雷を処分するとともに、サウジアラビア政府の要請に基づきカフジ沖の油井（ゆせい）に至る航路の安全確認を実施して、9月11日、すべての作業を終了した。

わが部隊は、ドバイ港などで帰国準備の後、9月23日ドバイ発、数か所の寄港地を経て、10月28日夜半に広島湾小黒神島沖に仮泊、30日に呉入港、翌31日に部隊を解散し、横須賀および佐世保の艦艇はそれぞれの定係港に帰港した。

派遣期間は188日間、総行程1万4千海里（2万59600キロメートル）、計34個の機雷を処分し、任務を完遂、国際社会から高い評価を受けた。

乗り組み隊員たちの高い士気

ペルシャ湾への派遣は、1991年4月16日に「ペルシャ湾における機雷等の除去の準備に関する長官指示」により出港準備作業を開始し、4月26日には出国という、準備期間がわずか10日間ほどときわめて短かった。この間、連日深夜まで物品搭載や装備機器の整備などの作業に追われながら「何か大事なことを忘れてないか？」「あとやらなければならないことは何だ？」などと自問自答を繰り返す日々であった。

長官指示が出されて派遣が公になった後は、多くのマスコミが取材に押し寄せ、一方、派遣反対を叫ぶデモも始まった。特に連日、朝から夕方まで「戦場に行くな」「絶対出港させせない」「海外派兵反対」などのシュプレヒコールや怒号が、準備を急ぐ掃海艇に向かってハンドマイクなどから大音響で浴びせられた。

これは、一般道路の目の前にある佐世保の掃海艇栈橋で作業中の隊員たちの気持ちにも少なからず影を落としていた。若い新隊員からは「司令、私たちのやっていることは間違っていないのでしょうか？」と問いかけられたこともあった。

掃海部隊には遠洋航海や派米訓練などがないため、海外に出た経験者はきわめて少ない。今回は帰国の日も分からない、準備期間も短い。しかも実任務である。

「今回の派遣は、家族や健康などの理由で辞退しても、人事・勤務上の評価に一切影響することはない。ためらうことなく申し出るように」と言ったが、誰一人、派遣を辞退する者はいなかった。逆に、父親が重篤な病状にあった者に対して「現場から帰国させられないから艇を降りなさい」と説得したほどだった。さらに、掃海手当が改定された件は聞いてなかったので「掃海手当はおそらく1時間当たり18円ぐらいだろう。賞恤金（しょうじゅつきん）もわずかだ。それでもいいのか？」との問いに対し、皆、「かまいません」との回答だった。

情報もないまま出港、行って分かった実情

もし、あの時、派遣された艦艇が触雷してわが部隊に被害が出ていたら、その後の海外での活動は、どうなっていただろうと考えることがある。

機雷はいったん敷設(ふせつ)されると、敵味方に関係なく、その感応範囲に進入するやいなや作動・起爆して艦船を撃沈する。機雷の除去は、戦時も平時も区別ない危険な作業なのである。

第2次世界大戦中に敷設された残存機雷の除去を行なっている国は、日本を含め数か国あるが、海自の掃海部隊はその実任務に加えて、実機雷を使用した処分訓練を毎年、実施している。だから、掃海艇の乗員は爆発の衝撃も体感しているし、機雷の怖さをよく理解している。

私は、10人ほどの隊員から「万一の時はよろしくお願いします」と封書を差し出された。遺書だった。「分かった」と預かったものの、内心は「触雷したら俺も生きてないな」と思っていた。幸いにして、無事帰国して、彼らにそれを返すことができたことが何よりも嬉しかった。

私はまた、現場指揮官として作戦を立案するうえで、敷設された機雷と作戦環境の情報がどうしても欲しかったが、出国前はまったく入手できなかった。

多国籍軍側ではわれわれの状況などは知らないから「日本は派遣の準備や調整はしているが、結局は派遣しないのではないか、そのような国には極秘でもある作戦情報は与えられない」とのことであったらしい。

結局、得られる情報がないまま出港し、航海中、暇をみては「ベトナム・エンドスイープ作戦」「フォークランド紛争」などの戦史や直木賞受賞の小説「機雷」（光岡明著）などを読みふけっていた。改めてこれらを読み返したことは、自分を作戦環境に近付けるのに効果的であった。

ペルシャ湾での機雷掃討の瞬間。発見された機雷は水中処分員（ダイバー）の潜水作業や水中処分具によって爆薬を取り付け爆破処分された。

ＵＡＥのドバイに入港したら、多国籍軍の作戦司令部から「この艇で来たのか」「こんな小船でよく来たな」と驚かれるとともに、「作戦状況はこうだ」と抱えきれないほどの資料を渡された。

国際貢献活動を行なう際、諸外国のスタンスは、「First Come! First Out!（早く派遣した国が評価され、帰国も早い！）」と言われているが、まったくそのとおりだと痛感した。

ペルシャ湾での掃海作業に参加した国（日本、米国、英国、フランス、オランダ、イタリア、ドイツ、ベルギー、サウジアラビアの9か国）の中で、日本は最後に現場に到着したために、われわれが作戦に参加していることを多くの国は知らなかった。それは、作業の実施海域について、他国が選択しない、またはやりたがらない危険な海域を担当せざるを得なかったことからしても明らかだった。

任務完遂の要因と原動力

２０１２年４月、掃海部隊ペルシャ湾派遣20周年を記念した切手シートが発売され、かの地に派遣された当時を思い出し胸が熱くなった。

「湾岸の夜明け作戦（Operation Gulf Dawn）」とはペルシャ湾で多国籍掃海部隊が実施した作戦名である。

近年、自衛隊はソマリア、スーダン、ゴラン高原など世界各地に派遣されているが、これらの海外活動の先駆けとなったのが「湾岸の夜明け作戦」であり、私たちにとってはたいへん感慨深く、まさに日本が行動で示す国際貢献の「夜明け」となった。

ペルシャ湾での掃海部隊の活動が国際的評価を高め、世論の支持を得たのを受け、「国際平和協力法」（１９９２年）、「周辺事態法」（１９９９年）、「テロ対策特別措置法」（２００１年）、「イラク復興特別措置法」（２００３年）、「新テロ特別措置法」（２００８年）、「海賊処罰対処法・海賊対処法」（２００９年）の成立へとつながっている。

作戦を振り返って、使命を完遂することができた要因は、まず第一に、寸を積み尺を重ねるように黙々と技量と実力を蓄えることを先輩から継承してきた掃海部隊の伝統と高いポテンシャルである。

また、旧海軍の時代から、掃海艇の機関（エンジン）が原因で作戦の足を引っ張ったことはないそうであるが、派遣期間中、一度も行動不能になった艇はなかった。気温52度、海水温36度の環境下で、100パーセントの稼働率を維持した機関科の要員たちの努力と職務魂に頭が下がる。帰国後、造船所でオーバーホールした時、「あと1か月、作戦が長引けば機関が限界にきていたかもしれない」といわれた。

次に米海軍の協力支援である。常日頃からの日米共同訓練を通じて築いてきた相互の強い信頼関係によるところが大であった。ペルシャ湾派遣もその後の日米関係の緊密化に役立っている。

そして、「頑張ってこい」「無事に帰ってこい」との国民の支持と声が、何よりも隊員の士気を高めるとともに、困難を乗り越え、任務完遂の大きな原動力になったのである。

自衛隊の海外派遣活動は今後も継続されていくと思うが、省益や一時的な都合や体面を保つためではなく、真に国益に沿った派遣であって欲しいと願う次第である。

ペルシャ湾掃海艇派遣の概要

1990年8月2日、イラクは突如隣国のクウェートに侵攻してその全土を占領、国際的な大非難にもかかわらず6か月間にわたり占領し続けた。国連は多国籍軍を編成し、翌1991年1月17日、反撃を開始、2月27日、クウェートの解放に成功した。

この湾岸戦争において、イラクはペルシャ湾北部のクウェート沖合に約1200個の機雷を敷設した。この機雷はペルシャ湾を航行する船舶に重大な脅威となり、特に輸入原油の7割を中東地域に依存しているわが国にとって深刻な問題となった。この結果、わが国に対して資金面のみならず人的貢献を求める国際世論が高まると同時に、国内においてもペルシャ湾の船舶航行の安全確保についての要請が急速に高まった。

このような状況を踏まえ、政府は、自衛隊法第99条（機雷等の除去、現在は第84条の2）を根拠に、自衛隊創設以来、初の海外実任務としてペルシャ湾に掃海艇派遣を決定した。政府決定2日後の4月26日、掃海母艦「はやせ」、補給艦「ときわ」、掃海艇「ゆりしま」「ひこしま」「あわしま」「さくしま」の計6隻、511人の隊員で編成された海上自衛隊ペルシャ湾掃海派遣部隊が、それぞれの母港、横須賀、呉、佐世保を出港した。

掃海派遣部隊は、約1か月間の航海を経た5月27日、補給基地となるアラブ首長国連邦のドバイ、アル・ラシット港に入港。6月5日から9月11日までの99日間、多国籍軍派遣部隊と協力して機雷掃海作業を実施、特に多国籍部隊が処理困難として手つかずであった海域を含む多くの港湾水路を安全化するなど、ペルシャ湾の船舶航行の安全確保に多大な貢献をした。帰路も長い航海を経て、掃海派遣部隊は1991年10月30日、無事、呉に帰港した。

陸上自衛隊施設部隊カンボジアPKO派遣

試行錯誤しながら無事故で任務達成

第1次カンボジア派遣施設大隊長（当時）渡邉隆

UNTACとカンボジアPKOの任務

1980年代の終わりから90年代の初め、日本がバブル景気に浮かれていた頃、欧州ではベルリンの壁が崩壊、東西ドイツが統一され、ソビエト連邦が解体し、堰を切ったように東欧諸国に民主化革命が拡がっていった。約半世紀にわたる冷戦が終焉を迎えたのである。中東では、イラクがクウェートに侵攻し湾岸戦争が勃発した。

わが国初めての人的国際貢献となった「ペルシャ湾掃海艇派遣」は、湾岸戦争終結後の1991年4月のことだった。

一方、アジアでも冷戦崩壊を受けて大きな国際情勢の変化が起きていた。1991年10月、パリ国際会議においてカンボジア最高国民評議会と参加各国代表が和平合意文書に調印し、20年以上にわたったカンボジア内戦に終止符が打たれた。

そしてカンボジアに新政府が樹立するまでの間、行政府の代行、国内の平和維持、総選挙の実施および人権の保障などの基本的任務を負う「国際連合カンボジア暫定統治機構（ＵＮＴＡＣ）」が設立されることになった。停戦監視や兵力引き離しという従来の伝統的なＰＫＯの活動に加え、難民救援、人権保護、総選挙による国家の再建までを担う大規模で広範囲な組織が編成された。

自衛隊のカンボジアでのＰＫＯ任務

わが国では、国際平和に対する人的な貢献について国論を二分する大きな議論を経て、１９９２年6月15日、「国際連合平和維持活動（ＰＫＯ）等に対する協力に関する法律」が成立した。自衛隊を教育訓練以外で海外に派遣することを目的とした法的枠組みが整ったのである。

この国際平和協力法が施行され、国際平和協力本部が発足したのは同年の8月10日。翌11日、この法律に基づき、陸上自衛隊をカンボジア王国に派遣する準備が指示され、同日、政府は第２次調査団をカンボジアに派遣した。

日本からカンボジアＰＫＯに参加することになったのは、停戦監視員、文民警察官、選挙監視員、そして施設大隊であった。これらの要員はＵＮＴＡＣの指図の下、国際平和協力業務（ＰＫＯ）を行なうものであり、陸上自衛隊にとって海外派遣はもちろん、国連の枠組みで実施するＰＫＯも初めての任務であった。

人員数の少ない停戦監視要員や文民警察官などに比較して、部隊派遣は現地に展開するまでは派遣国の責任で準備を行なうため、６００人規模の施設大隊を派遣する準備は多忙をきわめた。

任務、活動内容・場所が不明確なまま、編成、装備、要員選考、物品の準備、教育訓練……あらゆることが同時並行的に開始された。派遣部隊のみならず、中部方面隊を中心とした送り出す側も山積する準備作業に追われた。

簡単な会話テキストを見ながら、片言のクメール語で子供たちと交流する隊員。派遣部隊は現地の児童たちに学用品を贈るなどの親睦にも努めた。

こうして、１９９2年9月13日、第１次カンボジア派遣施設大隊は伊丹駐屯地において編成完結した。そして先遣隊が、その4日後の9月17日、海上自衛隊呉基地から輸送艦３隻、補給艦１隻に分乗して出発。続いて23日には、航空自衛隊小牧基地から2機のＣ‐１３０Ｈ輸送機に搭乗して出発した。施設大隊が宿営地の建設と並行して、道路や橋の補修活動を始めたのは10月28日のことである。

施設大隊の主要業務は、内戦などで荒廃した国道2号線お

施設部隊による道路の舗装工事。施設大隊は約１年の派遣期間中、道路約100km（うちアスファルト舗装約10km）、橋梁約40か所の補修工事を実施した。

よび3号線の道路や橋の補修や整備などであったが、その後、ＵＮＴＡＣからの要請で、ＵＮＴＡＣの構成部門などに対する給水、給油、給食、医療、宿泊施設の提供の業務や物資などの輸送、保管の業務などが追加され、幅広く活動することとなった。施設大隊は日中の気温が40度を超える厳しい環境下、さらに作業地域付近には不発弾などの危険性もあるなかで、十分注意しながら業務を進めた。

カンボジアＰＫＯに派遣された要員・部隊は、停戦監視員16人（第1次、第2次各８人）、文民警察官75人、選挙監視員40人、施設大隊は第１次（１９９２年9月～９３年4月）および第2次（１９９３年3月～9月）、それぞれ６００人の計１２００人であった。

次のステージに向けて

いま振り返って見れば、つまずきや失敗も少なからずあったカンボジアＰＫＯだったが、わが国の国際貢献にとっての重要な第一歩であった。試行錯誤を繰り返しながらも、参加各国、ＮＧＯ、現地の方々と協力しながら事故なく任務達成できたのは、現場指揮官として大きな喜びであった。この成果の最大の要因は、われわれが積み重ねてきた日頃の愚直な教育訓練と、日本という国家、日本人の国民性の素晴らしさであったと思う。

カンボジアでのＰＫＯにおける多くの問題点は、教訓事項として次のＰＫＯばかりでなく、その後のさまざまな自衛隊の海外活動に活かされている。しかし、これらの現場の努力に比較して、わが国の国際平和協力業務の本質的な問題点は、当時から基本的に変わっていない。

カンボジアＰＫＯからおよそ10年後の２００１年、自衛隊のＰＫＯ活動において、それまで凍結されていた「緩衝地帯における駐留・巡回など」いわゆる本体業務が実施可能となり、武器の使用権限が見直された。しかし、それでも陸上自衛隊の派遣部隊・要員が、国連や多国籍の軍事組織の中で他国の歩兵部隊と対等の立場で行動するには、いまだ多くの問題点を有している。

今こそ30年近くに及ぶ経験の上に立って、わが国の国際社会での責務遂行のあり方について議論を尽くし、次のステージに向かってさらなる一歩を踏み出す時期が来ているのではないかと強く思う。

国連カンボジア暫定機構（ＵＮＴＡＣ）の概要

１９９１年10月23日に調印されたカンボジア内戦の終結をもたらした「カンボジア紛争の包括的な政治解決に関する協定」（パリ和平協定）にもとづき、翌９２年２月28日、国際連合安全保障理事会決議745号により「カンボジア暫定機構（UNTAC）」が設立された。UNTACの任務は、選挙の組織・管理をはじめとして、停戦の監視、治安の維持、武装勢力の武装解除、難民・避難民の帰還促進など、多岐にわたった。

1993年5月、UNTAC監視の下、憲法を制定するための国民議会選挙が行なわれ、9月23日に新憲法を公布、翌24日にはカンボジア王国が再建された。これにともないUNTACは同日付けで任務を終了、同年末までに人員・機材を撤収した。

UNTACは、自衛隊にとっては初のPKO（国際連合平和維持活動）となり、ペルシャ湾派遣以来2度目の海外派遣となった。第1次として1992年9月から1993年3月まで、第2次として1993年3月から9月まで、停戦監視要員8人とカンボジア派遣施設大隊600人、延べ1216人の隊員が派遣された。施設大隊は、カンボジアの道路や橋などの修理を行なうとともに、UNTAC構成部隊に対する給油・給水、UNTAC要員に対する給食、宿泊または作業のための施設の提供、医療支援などを行なった。

自衛官以外では、文民警察要員として1992年10月から1993年7月まで警察官75人、選挙要員として1993年5月23日から28日まで国家公務員5人、地方公務員13人、民間人23人の計41人が派遣された。このカンボジアPKO全体で、日本人からは中田厚仁国連ボランティアと高田晴行警部補の2人の殉職者が出た。

モザンビーク国際平和協力業務

隊員の知恵とコミュニケーション力で業務遂行

モザンビーク派遣輸送調整中隊長（当時）中野成典

「国連モザンビーク活動（ONUMOZ）」とは

「国連モザンビーク活動（ONUMOZ）」は、わが国にとって三番目に参加した国連平和維持活動である。

日本は1993年5月から95年1月まで、ONUMOZに要員・部隊を派遣し、司令部業務、輸送調整業務および選挙監視業務のそれぞれの分野で協力した。自衛隊が関わったのは司令部業務と輸送調整業務である。

司令部業務は、総司令部ならびに全国を南部・中部・北部の三つに分けた地域司令部で各国から派遣された約200人の司令部要員によって行われた。

自衛隊から派遣された第1次および第2次それぞれ5人の司令部要員は、2人がマプト（マプト州）の総司令部に、1人がマトラ（マプト州）の南部地域司令部に、2人がベイラ（ソファラ州）の中部地域司令部に配置され、ONUMOZの中長期的業務計画の立案、輸送業務に関する企画および調整の業務を実施した。

要員は、民家を借り上げ、現地で食料などを調達しながら生活し、各国の司令部要員と協力しつつ業務を行なうとともに、休日においても無線機を携帯し、緊急輸送の要請に備えるなど、真摯に業務を遂行した。

また、輸送調整業務は、日本およびバングラデシュの輸送調整部隊の要員が行ない、主に空港、港湾などにおいて人員、物資などの受け入れ送り出しに関する調整を行なった。

自衛隊の輸送調整中隊としては、第1次（1993年5月～12月）、第2次（1993年11月～94年6月）、第3次（1994年6月～95年1月）それぞれ48人、計144人が派遣された。

第1次から第3次までの各要員は、38人がマプト州に、10人がソファラ州に配置され、気候条件など厳しい環境のもと天幕で野営した。食料、飲料水などはポルトガル部隊などの支援を受けながら、週末を含めて早朝から夜間まで精力的に業務にあたり、定期便などの運航の予定がない日であっても不測の事態に備え、待機しつつ任務を遂行した。

物理的な手段を持たない活動

25年ほど前の記憶を掘り起こしてみると、ONUMOZはあまり目立たない（記憶に薄い）国連平和維持活動ではあったが、これまでの自衛隊の活動の中で特徴的なことが二つあると考える。

その一つは、物理的な手段（たとえば建設機械や輸送用車両）を持たない派遣であったことである。

マプト空港において国連輸送機の搭乗者の乗降を誘導する輸送調整中隊の要員。航空機運行に必要な手続きや調整、積載物資の確認などをはじめ広範な業務を実施した。

われわれが持ち込んだのは、あくまで自分たちの移動手段としての車両であって、それを使って人員や物資を運ぶということは任務上も示されていなかった。われわれの活動は、道路を直したり、橋を造ったりといった活動の足跡を現地に残すようなものではなく、定期便などを計画どおりに運行させるためのターミナル業務など、日本人の勤勉・実直さが要求されるものだった。

隊員一人ひとりの「知恵」と「コミュニケーション能力」、さらには「身振り手振り」が任務遂行のための主な道具であり、要員選考にあたって高い語学（英語）能力を選考要件としたのも本派遣の大きな特色だったと思う。

まだまだ国際平和維持活動が緒についたばかりの頃でありながら、予備要員も含めて階級ごとにこの派遣を支えるだけの人材を有している自衛隊という組織のすばらしさを感じたものだった。

最もPKOらしいPKO

二つ目は、派遣の終始を通じ、生活基盤が天幕露営であったということである。暑さ対策のため、フライシート（防暑用の白色覆い）を用いたとはいえ、生活環境はかなり過酷だった。ある人から、「モザンビークがいちばんPKOらしいPKOだよ」と言われた記憶があるが、確かに自衛隊固有の活動能力である天幕露営を基本として派遣終了まで活動したのはここだけだったと考える。

当時、自衛隊が派遣される以上、それを当然と受け入れていたし、食事などの面倒をみてくれたポルトガル通信部隊も天幕露営だったので、もしプレハブ宿舎建設の打診がきたとしても断っていただろうと今でも思っている。

一方で、派遣を命じる立場からは、現地で任務遂行に支障のないよう、努めて快適な生活基盤を整備することは当然のことだと考える。

さらには、PKOが参加国のある種、国威発揚の場であったり、外貨獲得の手段であったりと、派遣国側それぞれの事情によっていろいろな性格を持っていることを考えると、日本として恥ずかしくない態勢を整えることは派遣部隊のパフォーマンスに匹敵するくらい大事なことかも知れないのである。

まずはアジアでがんばろう

最後に、今でも印象に残っている言葉を紹介したい。

モザンビークに派遣中、あるレセプション会場でアジアからの参加国軍の将校に「困ったことがあれば何でも相談してくれ。どうも、日本は米国（軍）のほうばかり向いているようだが、アジアの一員だろう。まずはアジアでがんばろう」と言われた。

周りに米軍のいないＯＮＵＭＯＺの状況から、当時はあまり深読みせずに「なるほど！」と思ったが、この派遣から約25年間の国際情勢を踏まえて改めて考えてみると、何とも意味深い言葉であったと思えてくる。皆さんはどう思われるだろうか。

国連モザンビーク活動（ＯＮＵＭＯＺ）の概要

アフリカのモザンビークでは、１９８０年代に入り、政府軍とモザンビーク民族抵抗運動による内戦が続けられていた。モザンビーク民族抵抗運動は南アフリカ共和国の支援を受けていたが、南アフリカがアパルトヘイト政策を放棄して国際社会に復帰すると和平への道が模索されることとなり、１９９２年10月、「包括和平合意」が得られ、停戦となった。同年12月、安保理決議７９７号によって、「国際連合モザンビーク活動（ONUMOZ）」の設立が承認された。

ONUMOZの任務は、停戦の監視・検証および各勢力の武装解除または動員解除の実施、復員支援、治安の維持、国内難民への人道支援実施、自由選挙の実施支援など多岐にわたった。

わが国からは、1993年5月から95年1月まで、司令部要員5人が2次にわたり延べ10人、輸送調整部隊48人が3次にわたり延べ144人、累計154人の隊員が派遣された。輸送調整部隊は、主に輸送手段の割り当て、通関の補助、その他輸送に関する技術的調整を行なった。

1994年12月、ONUMOZは、無事任務を完了して解散した。

ルワンダ難民救援国際平和協力業務

好評だった「日本流」の救援活動

ルワンダ難民救援隊長（当時）神本光伸

ルワンダ難民救援隊の活動の概要

１９９４年４月にアフリカ中央部のルワンダ共和国で内戦が勃発し、隣国ザイール共和国（現コンゴ民主共和国）ゴマ地区に１００万人を超える難民が流入したため、国連難民高等弁務官事務所の要請などに基づき、これを救援するための国際的な活動が始まり、日本は初めて人道的な国際救援活動として、陸上自衛隊部隊の派遣を決定した。そして北部方面隊に派遣命令が下され、同年９月20日、第２師団隷下の第２後方支援連隊を基幹とする２６０人規模の「ルワンダ難民救援隊」が旭川駐屯地で編成された。

ルワンダ難民救援隊は、９月20日に先遣隊（20人）が、続いて航空自衛隊空輸派遣隊および運行支

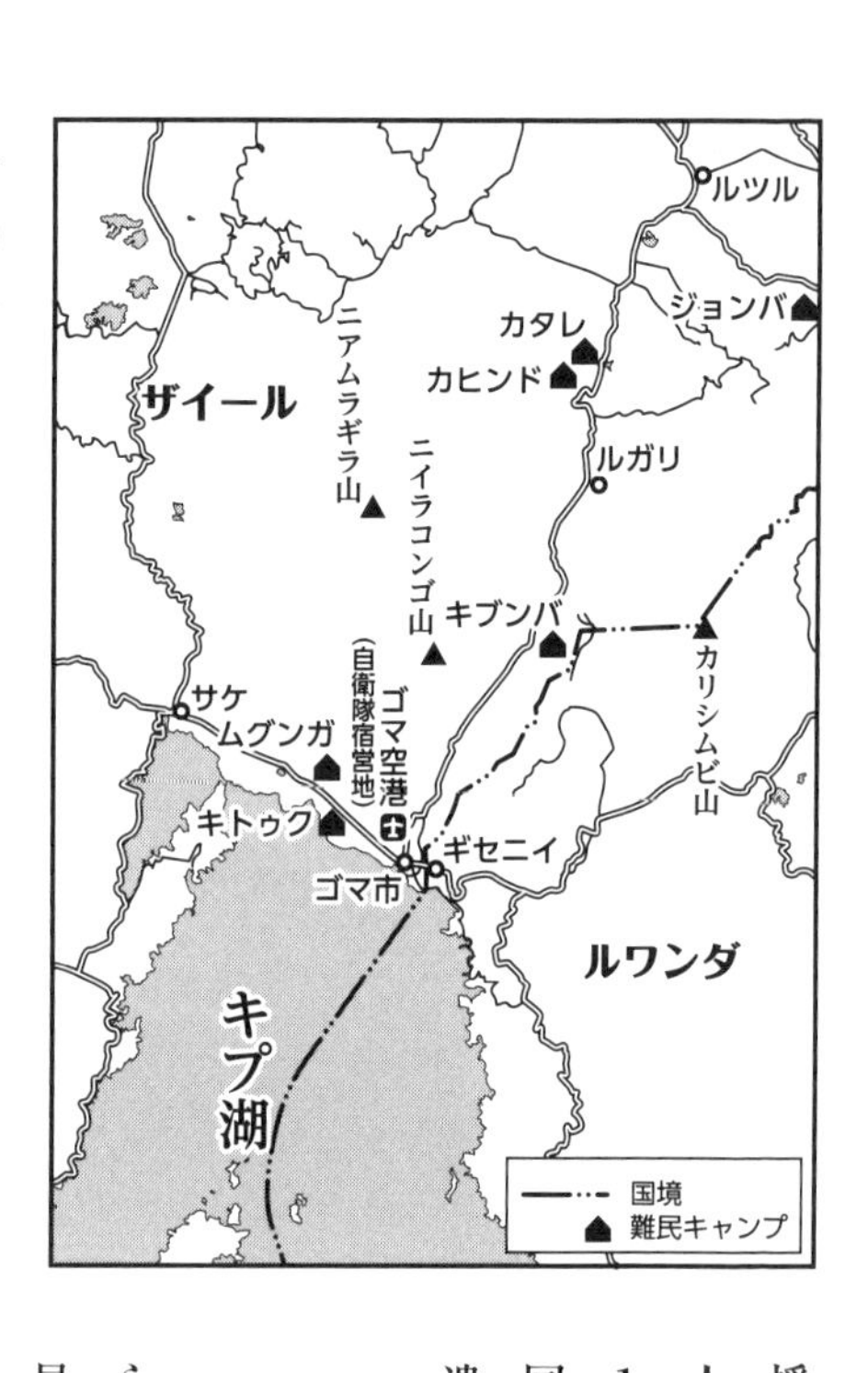

援隊が出発し、救援隊本隊の第1派100人は9月30日、日本を出国してナイロビで1泊後、10月2日、ザイール共和国のゴマ国際空港に降り立った（10月27日までに派遣部隊全員が現地入りした）。

過酷な環境下、活動を開始

その日はとりあえず応急展開し、翌日から宿営地の選定、設営に取りかかった。隊員たちは標高1500メートル、日中の気温が30度以上、毎日決まったように2時間ほどのスコールに見舞われる環境下で、日本にいる時と同じように朝礼などの日課を規則正しく行なうとともに計画に従って活動を開始した。

ゴマ到着直後、ザイール国内航空の所長殺害にともなうデモが発生し、給水所に向かっていた隊員がデモ隊に出くわし、這々（ほうほう）の体で逃げ帰ってきた。

10月5日、宿営地のすぐ近くで数百人規模の騒乱が発生し、慌てて警備隊に待機を命じた。治安の悪さに驚いて状況を確認すると、難民の激増で物価が上昇し、衛生・治安状態も悪化したため、難民とゴマ市民の対立が生じ、さらに新・旧ルワンダ軍の対立に加え、日常的に難民に対する恐喝などの犯罪行為が横行するザイール軍の存在が治安の悪化に拍車をかけているのが読み取れた。

このままでは安心して活動できない。このため地元対策として現地雇用を促進し、ゴマ市中心部の排水溝の整備や、ザイール軍駐屯地前の整地などを市民の見ている前で積極的に行なうとともに、救援隊も規律ある行動と武装集団としてのプレゼンスを示し、治安を安定化させるように努力した。その結果、ザイール軍は徐々に規律を回復していった。

医療活動は、10月10日に開始したが、派遣時は問診と投薬の準備しかしておらず、エイズの蔓延地域で外科手術を要請され、防護用ゴーグルの不足もあって治療・執刀にあたった医官たちにとっては大きなリスクを背負っての毎日だった。幸い、危険な感染症に罹患した者を出すことなく、逐次病院の機能を整えることができた。

ゴマの溶岩台地に設けられた救援隊の宿営地。隊員の宿泊用のほか、医療用、資機材の整備・保管用など多数の天幕が展開している。

現地住民を勇気づける

防疫活動は、10月13日にNGOの場所を借用して消毒作業を開始した。難民の窮状を目の当たりにしての消毒活動に従事した隊員には辛かったであろうが、弱音を吐いたり不満を漏らす者はいなかった。この作業はＮＧＯの仕事と重複していたので、パワーショベルなどの施設機材を活用し、小さなキャンプの防疫環境を集中的に整備する「モデルキャンプ構想」に切り替えていった。

10月20日朝、給水活動開始式に向かう途中、花壇を整備する人々を初めて見かけた。給水所で出会ったゴマ市長にそのことを話すと「私が命じた」と言った。

ゴマ市長は、規則正しく勤勉に働く隊員たちの姿を見て、ゴマ市の復興に向け、大いに力づけられたとのことで、「日本の隊員の働く姿は住民たちの模範だ」とも言ってくれた。活動開始式で掲げる国旗についても、「昔はザイールでも国旗を掲げていたのです」と懐かしむように語ってくれた。

期せずして日本人としての当然の立ち居振る舞いが、ゴマ市民を勇気づけたのだ。これは嬉しい驚きだった。

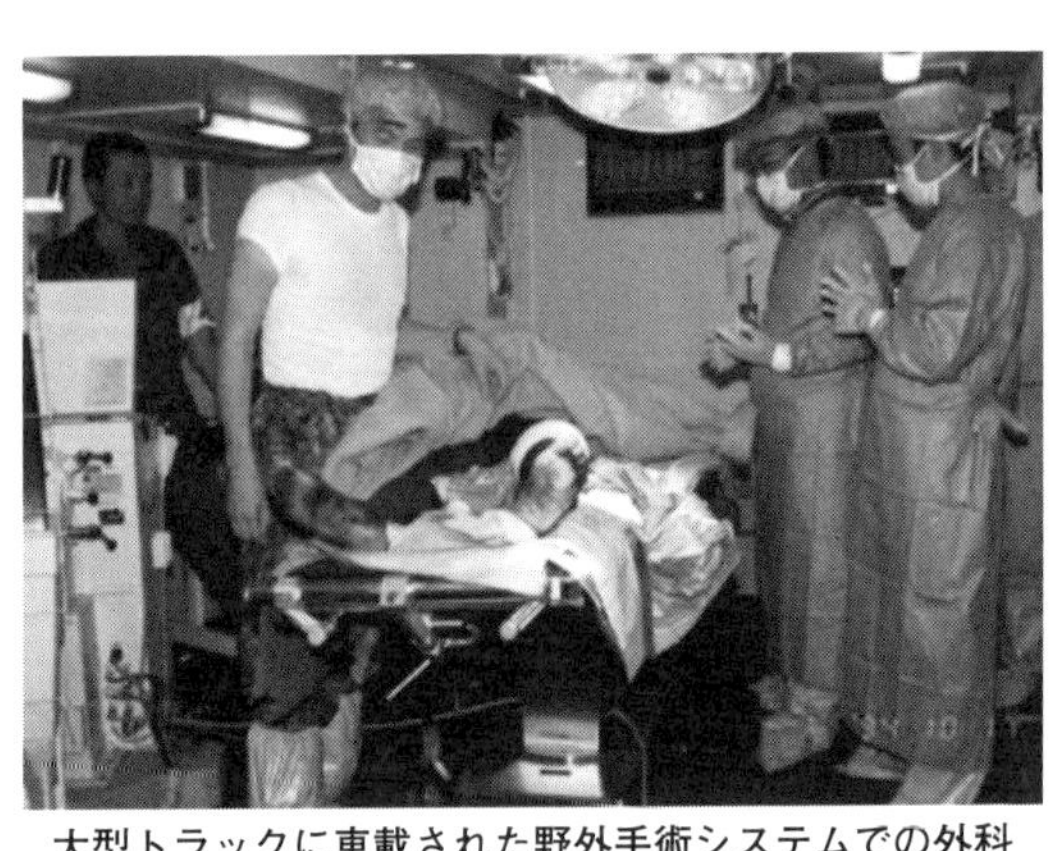

大型トラックに車載された野外手術システムでの外科手術。救援隊は派遣期間中、医療分野では外来患者の診療（延べ約2100人）、手術（約70人）を実施した。

日本人特有の精神文化を発揮

初めて人道的国際救援活動を実施する部隊として、車両の回収、難民キャンプの整地、死亡者埋葬のための墓穴掘削、外務省の無償資金の活用による医療器材の供与、学校用備品の供与、衛生検査器材の供与、ゴマ山の植林、地震・火山防災対策の支援など、救援隊はここにいる人々の身になって「来る者拒まずの精神」であらゆる活動を行なった。

その結果、人道的国際救援活動では「初心者」のはずのルワンダ難民救援隊がいつの間にかNGOなどの「駆け込み寺」のようになっていった。

相手の身になって接する心は、日本の良き伝統文化の一つでもあり、武士道精神で言うところの「惻隠の情」は、その後のイラク派遣にも受け継がれている。この良き精神、姿勢が今後の国内外での自衛隊の活動でも継承されることを期待したい。

ルワンダ難民救援隊の概要

1994年頃、ルワンダ内戦により大量に発生したルワンダ難民はアフリカのザイール（現コンゴ民主共和国）およびケニアなどに逃れており、衛生状態その他が極めて悪化していた。そのため、わが国は、国連難民高等弁務官（UNHCR）の要請を受けて、国連の部隊としてではなく、「国際平和協力法」に基づく日本主体の人道的な国際救援活動として自衛隊の派遣を決定した。こうして、1

994年9月から12月までの間、260人からなる「ルワンダ難民救援隊」と118人からなる「空輸派遣隊」が編成され、「ルワンダ難民救援隊」はザイールのゴマでUNHCRなどと調整しつつ、医療、防疫、給水などを行なった。また「空輸派遣隊」は、ケニアのナイロビとゴマの間で隊員や補給物資などの輸送を実施するとともに、難民救援を実施している人道的な国際機関の要員や物資の輸送を実施した。

派遣隊員の武装はそれまでの自衛隊海外派遣の拳銃・小銃に加えて、機関銃1挺および指揮通信車1両が認められ、海外における自衛隊の武力行使の可能性や国際平和協力法の適用範囲を超えるものとして国会で大いにもめた。

難民救援隊の宿営地付近では夜間に銃撃なども起こり、宿営地には土嚢が積み上げられるなどの対策が採られた。また、現地で日本人の医療NGOの構成員が武装集団の襲撃に遭った事件では、現地指揮官の判断によりNGO構成員の輸送を行なった。事実上の自国民救援のための出動であったが、このような行動が国際平和協力法や実施計画に明文化されていなかったため、この処置をめぐり一部のマスコミから批判を浴びた。

ゴラン高原PKO（その1）

離散家族の絆もつないでいたUNDOF

第1次ゴラン高原派遣輸送隊長（当時）佐藤正久

UNDOFの概要

２０１２年12月21日、「ゴラン高原国連兵力引き離し監視軍（ＵＮＤＯＦ）」に派遣されていた輸送部隊に撤収が命じられ、翌２０１３年1月中旬までに部隊および司令部要員が帰国、同月20日に防衛省において輸送部隊の隊旗返還式が行なわれ、17年間の長きにわたった「ゴラン高原ＰＫＯ」派遣任務は終結しました。２０１１年から続くシリア内戦の激化で隊員の安全確保が困難になったというのが撤収の理由です。

わが国は１９９６年1月から、「ＵＮＤＯＦ派遣輸送部隊」として「司令部要員」と後方支援大隊に「輸送部隊」を派遣し、半年程度で交代しながら任務を継続してきました。17年間で延べ約１５０

０人の隊員が参加し、自衛隊の国際貢献分野の人材を、実任務をとおして育成する、いわば「ＰＫＯ学校」としての意義も有する海外活動の象徴的な存在となっていました。

私は１９９６年２月より半年間、「国連平和維持活動（ＰＫＯ）協力法」に基づき、ＵＮＤＯＦへ「第１次ゴラン高原派遣輸送隊長」として派遣されました。

ＵＮＤＯＦとは、国連安保理決議３５０（１９７４年）によって設置され、その任務は「ゴラン高原におけるイスラエル・シリア間の停戦の監視および両軍の兵力引き離しに関する履行状況の監視」です。すなわち、両国間の戦争は終結したわけではなく、イスラエル軍がシリアのゴラン高原を占領し、両軍が対峙したまま、停戦を維持している状態です。そこで国連が、この間に割って入り、両軍の停戦違反がないか監視しているというわけです。

軍隊でなければできない任務

「ＰＫＯ」とは「国際の平和および安全を維持する」（国連憲章第１章）ため、国連加盟国がそれぞれ関係行政機関などの職員や軍隊の要員・部隊などを現地に派遣して行なう活動です。

平和な状態を維持するために行なう活動ですが、本当に安全な土地ならば、わざわざ平和を維持するために軍隊を派遣する必要はありません。治安や情勢が不安定だからこそ、そこにはたいへんな危険がともなうのでとても軍隊以外の組織や要員だけには任せられない場合もあるのです。かつての国連事務総長、ダグ・ハマーショルド氏は「ＰＫＯとは軍隊の任務ではない。しかし、軍隊でなければできない任務でもある」という、有名な言葉を残しています。

私たち派遣輸送隊の任務は、物資の輸送、道路や宿営地の整備、重機材などの整備と改修、燃料など補給品の受領配分、補給倉庫内の保管物の管理などでした。活動地域は標高が高い場所で、降雪後の除雪作業もあり、これは所々に地雷が敷設されていたことからとても危険な作業でもありました。

花嫁と嫁入り道具の輸送

私たちが活動中の出来事で嬉しくも悲しい話を一つ紹介します。

ゴラン高原の東端、シリア国境の近くにドゥルーズという村があります。ここはイスラエルがゴラン高原を占領したことにより、シリアとイスラエルに分断され、親族が離れ離れになってしまった住民がいます。国境を隔てた「叫びの谷」といわれる場所で、彼らは、かつてはメガホン、今は携帯電話を使い、親族同士でお互いを確認しながら連絡をとりあっています。

通常、彼らの国境通過は認められていません。ただ特例として、イスラエル占領下のシリア人がシ

UNDOFの物資輸送などの業務のため組織された日本、カナダによる後方支援大隊の編成完結式。UNDOF総司令官の巡閲を受ける第１次派遣輸送隊。写真中央が筆者（1996年２月12日）。

リア側の大学に入学した場合は年に数回、また、大学在学中に知り合った２人が結婚する場合は、国際赤十字の仲介により通過が認められています。その代わり、結婚のため国境を越えれば、二度と自分の実家に帰ることはできない「片道切符」となります。

私たちの部隊は国際赤十字の要請により、国境を越えて嫁ぐ花嫁さんとその嫁入り道具の輸送支援も行ないました。私たちは物資の輸送、道路や宿営地の整備のみならず、長い紛争により分断された地域において、ここに暮らす家族の絆もつないでいたのです。

派遣輸送隊は、このように多岐に渡る活動を四十数人で担っていましたが、他国の派遣部隊からは、「日本隊は２００人くらいの規模だと思っていた」との驚きとともに、日本人らしい誠実な仕事ぶりが高く評価されました。

ます。

紛争地域の安定化、中東和平に寄与

冒頭述べたように、わが国のゴラン高原ＰＫＯの終了は、シリア情勢が極めて厳しく、近い将来改善される見込みはなく、さらなる悪化も予想され、国連要員が危険にさらされてＵＮＤＯＦの活動にも影響を及ぼしていることから、日本政府は派遣要員の安全を確保しつつ、意義ある活動を実施することが困難になったとの判断により、派遣部隊の撤収と交代要員は派遣しないと決定したことによります。

私は、２００４年にイラクでの人道復興支援活動で陸自部隊の先遣隊長として派遣されて以来、「ヒゲの隊長」とのニックネームをいただき、現在も本名ではなく、このニックネームで呼ばれる機会がしばしばあります。実はゴラン高原派遣時にもヒゲをたくわえていましたが、当時は「ヒゲの隊長」と呼ばれることはありませんでした。

これはのちの「イラク派遣」と比べて、ゴラン高原におけるわが国のＰＫＯ活動が国内メディアに大きく取り上げられたり、国民の方々に知られることがあまりなかったということでもあり、その点は残念に思います。しかしながら、われわれの活動を通じて、世界に日本の存在を示す意味は大きく、わが国が紛争地域の安定化、そして中東和平に寄与することができたことは、第１次派遣隊以来、ゴラン高原で活動した多くの自衛官の大きな喜びとするところではないかと思っています。

ゴラン高原国連兵力引き離し監視隊（UNDOF）の概要

ゴラン高原は、1973年10月に発生した第4次中東戦争においてイスラエルとシリアの戦闘地帯となった。のちに停戦となったものの軍事的に不安定な状態が続いた。1974年5月、安全保障理事会は決議350号により、ゴラン高原に両国間の兵力引き離し地帯を設置することと停戦監視隊（UNDOF）を派遣することを決議した。派遣国は、オーストリア、カナダ、クロアチア、インド、フィリピンなどであった。

わが国は、輸送部隊として1996年2月から2013年1月まで第34次要員にわたり延べ1463人の要員（第1次から第13次要員までは各43人、第14次要員からは各44人）派遣するとともに、司令部要員として延べ38人を派遣した（第1次から第13次要員まで各2人、第14次から第17次要員まで各3人）。輸送部隊は、UNDOF各部隊の食料品の輸送や補給品倉庫における物資の保管、道路などの補修、重機材などの整備、消防、除雪などを実施した。

シリア内戦の激化によって情勢が悪化したため、2012年12月にわが国は撤収を決定。派遣部隊は、2012年12月に撤収命令が発令され、2013年1月、17年の長きにわたったゴラン高原におけるPKO活動を終了した。2013年にはオーストリアも撤収を決定した。

ゴラン高原PKO（その2）

わが心の故郷「ゴラン高原」

第3次ゴラン高原派遣輸送隊長（当時）本松敬史

オーストリア兵射殺事件

1997年5月のとある日、シリア・イスラエル国境兵力引き離し地域（以下「AOS」という）内でパトロール中のオーストリア兵2人が何者かに射殺された。

この出来事は、同年2月からゴラン高原に展開し、順調に輸送任務などを遂行していた、われわれ第3次ゴラン高原派遣輸送隊に大きな衝撃を与えた。時を同じくし、当地とは8時間の時差がある日本国内でも「ゴラン高原で兵士射殺」のニュースが一瞬にして広がった。

イスラエル・レバノン国境に展開する国連暫定駐留軍（UNIFIL）に比べ、情勢が安定しているとされるゴラン高原において、こうした事案が発生したのはたいへんショッキングなことだった。

第３次ゴラン高原派遣輸送隊の壮行会。整列した派遣隊員の前に出て答礼する筆者（1997年1月30日、陸上自衛隊朝霞駐屯地）。

国連兵力引き離し監視隊（ＵＮＤＯＦ）総司令官のコステルス少将は、この事案を受け、各国派遣部隊によるＡＯＳ内の行動およびシリア・イスラエル間の国境横断（クロッシング）を当面制限するとともに、派遣輸送隊としても、司令部の措置および日本からの指示に基づき、任務地域における隊員の活動を制限するなどの安全確保に努めた。

ＵＮＤＯＦ司令部はすぐに調査委員会を設け、事件の犯人、原因や背景の究明に乗りだしたのだが、シリア側の捜査協力も空しく、結局、真相は解明できなかった。

ステイ・イン・ポリシー

ゴラン高原をめぐるシリア・イスラエル間の交渉、すなわち戦略要衝である同地からの「イスラエル軍の撤退」とそれに絡む「安全保障措置」などの議題に関わる交渉は、両国の国内事情などから２０００年１月以降実施されておらず、事実上「棚上げ」状態となっている。

1974年6月から展開したUNDOFの死者は約40人（当時）に上り、前述のUNIFIL（約260人）に比べて少ないものの、AOS近傍ではこうした原因不明の事案が発生することも多く、そのつど安全確保を最優先にしつつ、任務を継続してきた。

UNDOFの存在意義は、現地派遣部隊のあいだでは「Stay in Policy（ステイ・イン・ポリシー）」と称し、これはシリア・イスラエル国境付近でいかなる事態が生起しても、あくまで両国間停戦合意の履行を監視する唯一無二の存在として「そこに留まる」ことを最重視している。

スローライフの勧め？

シリア人のみならず、アラブの人々は時おり、右手の親指と中指、人差し指を上に向けて摺合わせ、言葉を発しながら「シュエィ」というジェスチャーをする。このしぐさは、約束の時間に遅れたり、自分の都合が悪い場合によく使われていたように思われる。

「所命必遂」「時間厳守」を習い性にしてきたわれわれにとって、彼らの態度は耐えられないものであり、腹が立つのを通り越して、情けなくなることもしばしばであった。

この「シュエィ」、シリアでは「まあまあ」「あわてずに、ゆっくりやろうよ」ということを意味しているらしく、まさに「スローライフ」を表徴する言葉ではある。

現地のシリア人のみならず、ほかの派遣国部隊にも、そのような傾向、つまり「明日できることは今日やらない」、すなわち「UNDOF流」が随時随所に見受けられ、次第にこれに慣れてしまった感があった。以後、シリア人のローカルスタッフたちの言動は、日頃の活動などを通じて次第に許容できるようになり、それも髭面の屈託のない笑顔でこうしたスローライフを体現する彼らが、いつしか「愛すべき対象」に思えてきたから不思議である。

「母なる山」とともに

第3次隊から第4次隊への指揮官交代が終了し、数日後に帰国を控えた最後のミーティング終了後、隊長車のパジェロを運転する私の目には、遠くシリア・レバノン国境にまたがり、残雪を頂き輝きを放つ「ヘルモン山」(標高2814メートル)が映った、と同時に涙が溢れてきた。

ゴラン高原入りして約7か月、極寒、吹雪のなか、シリアのダマスカス空港に到着したあの日から、派遣隊員43人は、日本、そして自衛隊の代表としての「自覚」と「誇り」を胸に、肩を寄せ合い、ともに泣き笑い、他の派遣国部隊やUNDOF司令部、そして当事国の人々との絆や信頼関係を逐次構築しながら任務を遂行してきた。

そのようなわれわれを、ヘルモン山は母親のようにいつも優しく見守ってくれた。それは「母なる山」のもとを離れ、まもなく隊員たちをご家族や所属していた部隊長のもとに無事に連れて帰ることができるのだという達成感と充実感、そして寂しさがこみ上げてきた瞬間だった。

ゴラン高原の現地視察、ＵＮＤＯＦ司令部への表敬訪問、自衛隊派遣部隊の激励に訪れた久間章生防衛庁長官（中央）を案内する筆者（1997年7月）。

「ゴラン高原」に平和な日々を

あれから約15年が経過した２０１２年11月、ゴラン高原非武装地帯（ＤＭＺ）においてシリア軍と反政府軍との間で戦闘が起こり、１週間で30人が死亡した。またシリア側からイスラエル側に迫撃砲弾が撃ち込まれ、これに対しイスラエル側が第４次中東戦争以来の反撃に出るなど、シリアの国内情勢が波及したと思われる事態が連続している。

また、２０１２年にパレスチナが国連総会において「国家」に格上げされたことにより、イスラエルとパレスチナ間の抗争激化も予想される。こうした情勢の悪化などから、日本政府はこれまでシリア・イスラエル間で活動してきたゴラン高原派遣輸送隊の「撤収」を決定し、部隊は２０１３年１月中旬に無事帰国、撤収を完了した。

１９９６年2月、佐藤正久（現参議院議員）隊長率いる第

1次派遣輸送隊がダマスカス空港に降り立ってから17年の歳月が過ぎた。わが国からの部隊派遣は「34次」を数え、他派遣国と同様、名実ともに「ピース・キーパー」となり、UNDOFの任務遂行に対して少なからず貢献してきたという自負がある。故に任半ばにしてゴラン高原から撤収したことは、個人的には忸怩たる思いがある。今後、国連や米国、あるいはわが国などの積極的な仲介が奏功し、中東和平の実現に結実することを切望するとともに、いつの日にか、母なるヘルモン山麓に広がるあの「ゴラン高原」に平和な日々が訪れることを願わずにはいられない。

ゴラン高原PKO（その3）

司令部要員として悪戦苦闘した1年間

第1次UNDOF司令部派遣要員（当時）軽部真和

「たいへんなところに来てしまった」

私は1996年2月から1997年2月まで、第1次UNDOF司令部派遣要員としてゴラン高原に赴き、第1次隊および第2次派遣輸送隊を側面から支援しました。本稿では派遣輸送隊の活動とともに17年で終了したUNDOFの司令部での業務に焦点を当てて、当時を振り返ってみたいと思います。

私の仕事は、派遣輸送隊がUNDOF内で円滑に機能できるよう、司令部内から補佐することでした。特に日本の派遣輸送隊は、シリアとイスラエルそれぞれの地域に分かれて駐留し、隊本部および隊長はイスラエル側に所在しました。UNDOF司令部のあるシリア側に所在した輸送隊の先任者は

UNDOFのファウアール宿営地の全景。標高約千mのゴラン高原の北にはヘルモン山を望み、南には枯れ谷が広がっている。

若く分遣班長という立場であったことから、司令部派遣要員が日本隊の最上級者という役割も有していました。

日本を発つ間際、成田空港でわれわれを見送った陸幕国際協力室長から「現地で何かあったら君が仕切るんだぞ」と言われたことを今でも覚えていますが、17年後、まさにシリアはたいへんな状況になりました。

司令部では「先任兵站幕僚」という職名で、陸上自衛隊でいえば、旅団司令部の第4部（装備、後方支援業務を担当）の副部長といったところで、特に輸送、補給、糧食、予算業務を預かっていました。当時、上級司令部での勤務経験のない機甲科職種の私としては、慣れない業務ばかりだったうえ、部下として働くのがカナダ、オーストリア、ポーランドの軍人で、しかも陸海空軍が混在しているなど、「たいへんなところに来てしまった」というのが正直な感想でした。

日本からの司令部派遣要員は当初、先任兵站幕僚と副広報幕僚の2人体制でしたが、２００９年から輸送幕僚を先任兵站幕僚の下に設け3人体制となりました。交代は原則1年（部隊は原則半年）

で、勤務地は派遣輸送隊本隊のあるイスラエル側のジウアニ宿営地ではなく、UNDOF司令部のあるシリア側のファウアール宿営地（ダマスカスから車で約1時間）でした。

「日本隊にはコックがいないのか？」

到着後、上司となるオーストリア軍の兵站部長にあいさつに伺うと、いきなりかけられたのは「なぜ日本隊はプロのコックを連れて来ないんだ」と怒りのお言葉でした。よく聞いてみると「日本隊員は合同食堂を使うことになっており、そこに自衛官の調理員も配置するように調整したはずなのに、いざ来てみたら歩兵とはどういうことだ」と言うのです。「陸自には専従の調理員はおらず、派遣要員が交代で調理することになっている」と説明しても納得してもらえず、実際に調理をして日本料理を食べてもらい、ようやく納得してもらいました。同じ軍事組織でも、国によって制度や文化・慣習の差を感じた出来事でした。

また、予算業務では軍事部門の主担当であり、国連の予算制度、業務の細部要領などの申し送りもなく、一から国連規則を読み、夏の暑い間、土日も司令部に詰めて、予算書を作成したこともありました。ガーナ人の行政官の予算課長の助けもあり、何とか間に合わせて国連本部に提出したことを思い出します。補給業務においては、某国部隊から食器類が不足しているとの報告があり、調査してみると、書類上はしっかり支給されていました。

ダマスカスの南西約50kmに位置するファウアール宿営地に所在するUNDOF司令部の建物。

当該部隊に赴き、倉庫を見てみると、受領したサインはありましたが物品は見当たりません。よく探してないのかと思いましたが、あとで倉庫係が現地の商店に売って利益を得ていたことが判明しました。他国軍ではこのようなことがあるのかと呆れた次第です。

司令部要員にしかできない貴重な経験

次に派遣中の生活面に関してですが、住環境はプレハブの宿舎を分遣班の隊員と共同で使っていました。司令部での勤務は一日中、日本語を使うことがなく、ようやく宿舎に帰ってきて、いっしょに起居する隊員から「鍋やりますよー」と声がかかり、ささやかな酒宴を設け、心置きなく語り合うのが唯一の息抜きでした。

また当初は、入浴設備はシャワーしかありませんでしたが、分遣班に施設科職種の隊員がおり、数か月後、シリアでバスタブを入手してきて、簡易ながらも立派な風呂まで整えてくれました。司令部派遣要員の2人きりではなく、分遣班と同じ宿舎でよかったと思うとともに、自衛隊員の環境適応能力の高さと、創意工夫の実践を見た思いでした。

最後に、司令部派遣要員は目立たない存在ですが、これまで日本が派遣した多くのPKO部隊の活動に多大な貢献をしてきています。

毎日のように大量の英文を読み、また作成し、英語での会議に参加して討議するなど、厳しい実務的な仕事が求められます。しかし、上司・部下に他国の軍人を持ち、外国人の知己が増えたり、また国際標準の業務を学ぶことができ、逆にそこから自衛隊のよさや課題を客観的に見ることができるようになるなど、部隊の一員としての派遣では体験できない面もたくさんありました。

あれから20年以上経った今でも、ゴラン高原で貴重な経験をさせていただいたことに感謝していきます。

東ティモールPKO

多機能型PKOとして国造りを支援

第3次東ティモール派遣施設群長(当時) 田邉揮司良

東ティモールPKOの概要

2002年2月から2004年6月まで、インドネシアから独立した東ティモールでの「国連東ティモール暫定行政機構(UNTAET)」に、わが国はPKO協力法に基づき、司令部派遣要員および派遣施設群延べ約2300人を派遣した(なお2002年5月20日の独立以降は「国連東ティモール支援団(UNMISET)」に改称された)。

司令部要員は当初、1年間は10人(第1次派遣)、残りの期間は7人が派遣され、道路・橋などの維持補修、地図の保管、物資の輸送・補給などの業務に関する企画および調整を実施した。

派遣施設群は、UNMISETの活動に必要な道路・橋などの維持補修を主体として、給水所の維持管理、民生支援などの業務を実施した。

第1次（2002年3月~9月）および第2次（2002年9月~03年3月）に各680人が、首都ディリ、マリアナ、スアイ、オクシの4か所に展開して活動した。

第3次（2003年3月~10月）ではスアイ宿営地を廃止して522人、第4次（2003年10月~04年6月）ではオクシ宿営地を廃止して405人と、活動地域は変わらないものの逐次規模を縮小しながら任務にあたった。

土木建設分野の施工管理者の教育。現地スタッフに対する自衛隊からの技術・技能の移転も大きな支援となった。

東ティモールにおいては、高温多湿な気候で突然の大雨により道路・橋などが損壊することに加え、マラリアなどの感染症が心配される厳しい環境のなかでも、司令部派遣要員と施設群が一体的に活動することで多くの困難を乗り越え、国連や地域住民、そして日本国民の期待に応えることができた。

派遣要員のうち、延べ25人の女性隊員が初めて派遣され、女性ならではのソフトパワーが発揮された活動も見られた。

国連から高く評価された能力構築支援

第3次隊は、第4施設団（京都府・大久保駐屯地）を基幹に、中部方面隊内32か所の駐屯地から57個単位部隊の要員で編成された。

奇しくも、約10年前に陸上自衛隊として初めてのPKO（カンボジア）派遣部隊を編成した母体と同じで、約40人の隊員がカンボジア派遣経験者と心強い面もあったが、緊張感をもって活動するにはさらに一段高い目標が必要と考えた。

おりしも小泉純一郎総理（当時）の下で国際平和協力における「平和の定着と国造り」について検討されていたことから、現地でどのように活動するか知恵を絞り、「子供に夢を！大人に技術を！」をテーマにして、民生支援活動の具体化に工夫を凝らした。

そして、逐次の撤収に合わせ譲渡が予定されている建設機材の操作教育はもちろんのこと、その運用計画、整備まで一貫して現地政府職員などが施設群撤退後も道路維持ができるよう教育した。まさに、現在は「キャパシティ・ビルディング（能力構築）」と呼ばれているが、当時、軍隊がどこまで復興に関与できるか注目していた国連安全保障理事会では、異例にもわが国の国名を示しての高い評価を受けた。

道路の維持補修においては、現地住民を雇い、技術指導をしながら、隊員たちは彼らとともに食事をし、汗を流して工事を行なった。

工事完了時には一同で記念写真を撮り工事に従事した住民にも配布した。この写真は、父親や夫が参加した仕事の成果を家族にも知ってもらうための工夫だった。また、現地職員の教育修了式では家族を招待し、子供たちに輝かしい父親の姿を見せることで、将来に希望を持ってもらいたいとの願いを込めた。

さらに、隊員は余暇を利用して、マングローブの植樹、幼稚園や小学校への慰問演奏、紛争で配偶者を失った女性への支援など、「子供に夢を」与えるためのボランティア活動など、本来の業務以外にも熱心に取り組んだ。

道路補修完成時の記念撮影。第１次から第４次派遣施設群は道路や橋の補修だけで約120件の工事を実施した。

他国軍隊との交流も貴重な体験に

宿営地域の4か所は、ポルトガル、オーストラリア、タイ、韓国の歩兵部隊が警備担当地域として管理しており、それぞれで駐屯した施設中隊などがスポーツイベントなどで交流を深めた。

また、スアイ宿営地廃止（第3次隊）にともない、マリアナから6人の隊員をタイ軍の宿営地へ分派して給水所の維持管理を行なった。スアイ地域での道路維持補修任務では、マリアナ、ディリ、オクシから数週間単位で分派された施設小隊がオーストラリア軍やタイ軍と調整しながら任務にあたった。

第3次隊派遣の6か月間、乾季にもかかわらず大雨で南部に洪水が発生したが、その被害をうけた道路・橋梁の復旧などでも小隊を分遣してその任務にあたらせた。

ディリに所在した小隊は224日の活動期間中の3分の2を他国軍隊や国連警察の宿営地などを拠点として活動した。これは、他国の文化や軍隊の特性を知るうえでも貴重な体験となった。

国際平和協力活動の「ノウハウの宝箱」

東ティモールへの国際平和協力活動は、施設群派遣の前後にも行なわれており、航空自衛隊の物資輸送による「国連難民高等弁務官事務所（UNHCR）」への協力や選挙監視協力をはじめ、2006年から2012年末まで設置された「国連東ティモール統合ミッション（UNMIT）」に、文民警察要員（警察官2人）、軍事連絡要員（第4次まで、自衛官各2人）が派遣されている。

さらに、2012年末から防衛省独自で東ティモール軍に対して「人道支援・災害救援分野の能力向上に資する装備品の維持・整備技術に関する人材育成（自動車整備士養成教育等）」の能力構築支援事業を開始した。

また、陸自OBのNGO組織「日本地雷処理・復興支援センター（JDRAC）」が2004年6

月の施設群撤収に合わせ、現地において譲渡品使用教育の継続や新たに不発弾処理技術者の養成などを行ない、現在も現地政府のニーズを受けて支援を行なっている。

このように、東ティモールにおける国連平和維持活動は、東南アジアという身近な地域への貢献、そして多機能型ＰＫＯの成功例として、その後もさまざまなかたちで支援がリレーされてきており、わが国が世界に誇れる能力構築支援の「ノウハウの宝箱」となっている。

国連東ティモール暫定行政機構（ＵＮＴＡＥＴ）および国連東ティモール支援団（ＵＮＭＩＳＥＴ）の概要

東ティモールはポルトガル領ティモールとしてポルトガルの植民地であった。１９７５年にインドネシアが侵攻し、その実効支配下にあったが、武力闘争を含む独立運動が続いていた。１９９９年５月、インドネシアとポルトガル間で東ティモール自治拡大に関する直接住民投票実施で合意し、これを受けて同年６月、国際連合東ティモール・ミッション（ＵＮＡＭＥＴ）が設立されたが、治安が悪化したため、撤退に至った。その後、オーストラリア軍を中心とする平和維持の多国籍軍の投入により治安は回復され、国際連合は再び東ティモール独立を支援する動きに入り、１９９９年10月、国際連合東ティモール暫定行政機構（ＵＮＴＡＥＴ）を設立した。ＵＮＴＡＥＴの任務は、治安維持や人道支援の実施、公共サービスおよび政府機構の設立支援などであった。

わが国からは、２００２年２月から２００４年６月まで、施設部隊として第１・２次要員各６８０

人、第3次要員522人、4次要員405人、延べ2287人を派遣するとともに、司令部要員として第1次要員10人、第2次要員7人、延べ17人を派遣した。施設部隊は、PKO活動に必要な道路・橋などの維持・補修、ディリなど所在の他国部隊および現地住民が使用する給水所の維持、民生支援業務を実施した。

2002年5月、東ティモールは独立を宣言、UNTAETは任務を終了し、その後の支援は国際連合東ティモール支援団（UNMISET）に引き継がれた。

イラク人道復興支援（その1）

現地の人々の目線でものを見る

第1次イラク復興業務支援隊長（当時）佐藤正久

「イラク人道復興支援」活動の概要

2003年3月に始まったイラク戦争は、バグダッドの陥落後、5月には主要な戦闘の終結宣言が出されました。

当時、国際社会からは「ブーツ・オン・ザ・グラウンド」と、わが国の復興支援参加の期待も大きく、同年7月の国会で「イラク人道復興支援特別措置法」が成立しました。そして12月には「基本計画」が閣議決定され、イラクにおける自衛隊の活動が開始されることとなりました。

同年末に航空自衛隊のC-130H輸送機がイラクの隣国クウェートへの派遣に続いて、翌2004年1月には陸上自衛隊の復興支援部隊の先遣隊が、そして2月以降、「第1次イラク復興支援群」

主力が、海上・航空自衛隊の輸送支援のもとに展開し、わが国のイラク人道復興支援活動がムサンナ県サマーワを拠点として本格的に始まりました。

陸上自衛隊は、この第1次群から2006年7月に帰国した第10次群まで約2年半にわたり、延べ約5600人の隊員が医療支援、給水支援、学校など公共施設の復旧・整備などの人道復興支援活動に取り組みました。

また、陸上自衛隊の任務終了後も、航空自衛隊は物資・人員等の空輸支援を継続し、2008年12月にすべての任務を完了しました。

出国の思い出

私は2004年1月より約7か月間、「イラク人道復興支援特措法」に基づき、イラク南部のムサンナ県サマーワにおける復興支援活動に、自衛隊イラク派遣先遣隊長および第1次復興業務支援隊長として派遣されました。われわれの任務は「医療」「給水」「公共施設の復旧整備」という三つの復興支援業務でした。

「医療」活動では、陸上自衛隊の医官がイラクの医師などに対して診察方法や治療方針についての指導・助言、そして政府開発援助（ODA）で供与された医療機材の使用方法の指導・助言を実施し、「給水」活動では、サマーワ宿営地において運河の水を浄水し、ODAによりムサンナ県に供与した給水車への配水作業を行ないました。そして「公共施設の復旧整備」活動では、学校や道路などの公共施設の建設や改修などにあたりました。

さて、今では自衛隊の「イラク派遣」と称され、多くの国民に認知されたこの活動も、当初は必ずしも快く送り出されたわけではありませんでした。

じつは、私たち先遣隊がイラクまで移動に利用したのはノースウェスト航空とクウェート航空でした。先遣隊は総勢約30人と人数も少なく、急に派遣が決まったこともあって政府専用機が使えなかったのに加え、日本の航空会社からはテロの対象になる恐れがあるとの理由から利用を拒まれたのです。さらに出発時には、成田空港事務所から迷彩服での空港内への立ち入りを断られ、われわれは成田空港へ向かうバスの車内でスーツに着替え、飛行機に搭乗したのでした。

こうして出国した空路、ノースウエスト航空の機内で、キャビンアテンダントから「私たちの気持ちです」と、隊員全員にキャンディなどが入った袋をいただきました。それには「Thank you from US crew」と書かれたメッセージカードが添えられていました。あの心遣いは今でも忘れられません。

「Understand」の精神

現地に入った私たちが活動中、何よりも大切にしたことがあります。それは、現地の人々と信頼関

復旧作業を完了した学校の児童たちに囲まれる筆者。背景の壁画は子供たちが描いたものである。

係を築くことです。地域住民の理解と協力があってこそ、円滑な復興支援活動ができるからです。

住民との信頼関係を築くためには、徹底して「現地の人々の目線でものを見る」必要がありますが、この点、私が隊員に繰り返し説いていたのが「Understand」の精神です。

「Understand」は通常、「理解する」と解されますが、語源は「Understandom」であり、「間に立つ」という意味があります。「Up（上）」ではなく、「Under（下）」に「Stand（立つ）」、つまり、自ら目線を相手より下げ、低くすることが相手との信頼関係を築くうえでは何よりも重要なのです。

「日本人がもともと持っている優しさ、思いやりを心から示そう。そして、現地の人々に負けないくらいサマーワを愛し、イラクの人々を愛そう」。それが現地での活動を通じて達した、私なりの結論でした。

ところで、当時の活動を振り返るとき、ふと浮かんでくる思い出があります。

ある時、小さな女の子が私に近づいて来て、「自衛隊さん、遊園地を作ってほしい」と言うのです。「どうして?」と尋ねると、「サマーワのあるムサンナ県だけ遊園地がないの」と可愛い声で答えました。イラクでも特に貧しいムサンナ県にはそうした施設を整える余裕がなかったのです。もし、自衛隊が小さくても子供たちが喜ぶ遊園地を作ってあげられたら、住民との信頼関係を築くうえでも、復興支援という意味でも高い効果を得られたでしょう。しかしながら、われわれの業務ではこれを実現することはできず、彼女の思いに応えられなかったのはとても残念です。

さて、こうして7か月の任務を終えた私たちですが、帰国時に、またも歯がゆい思いをすることになります。帰国の際も、制服を着て空港に降り立つことが認められなかったのです。そのため、隊員たちは急遽、経由地のクウェートでネクタイとYシャツを自腹で買い揃えなければなりませんでした。国の命令で派遣されたにもかかわらず、出発時同様、帰りも制服で表に出ることは許されなかったのです。

「現場を知るから、平和や命の尊さ、人の痛みがわかる」

さまざまな思いを抱きつつイラクでの任務を終えた私は、帰国後、第7普通科連隊長兼ねて福知山駐屯地（京都府）司令を拝命しました。

しかし、わが国の将来に思いを馳せる時、誇りある国を造りたい、人の絆を大事にする社会造りに尽力したいという思いを強くし、ついに職を辞して政治の道に入ることを決意しました。そしてこれまで、私は防衛大臣政務官、外務副大臣などの職を務めさせていただいてきました。

　制服を脱いだ今だからこそ、現場で汗した日々を振り返り強く思うことがあります。

「現場を知るからこそ、平和や命の尊さ、そして人の痛みがわかる」

　これからも、日夜、この国と国民のために人知れず努力している「現場の心」を忘れず、国会議員としての責務を果たしていきたいと思います。

「正直な日本人よ、帰らないでくれ」。自衛隊宿営地には活動の継続を求める住民がしばしば陳情にやってきた。帰国直前、住民から花束を贈られる筆者。

イラク人道復興支援の概要（1）

　2003年3月、アメリカ合衆国が主体となり、イギリス、オーストラリアなどが加わる有志連合によって、『イラクの自由作戦』の名の下に、イラク戦争が始まった。その結果、イラク国内は、治安、生活インフラといった面で厳しい環境にあり、イラク国民による国家再建への努力に対し国際社会の支援が必要とされたため、同年5月、イラクにおける人道、復旧・復興支援を国連加盟国に要請する国連安保理決議第1483号が採択された。これを受け、わが国は、同年7月、「イラクにおける人道復興支援活動及び安全確保支援活動の実施に関する特別措置法（イラク特措法）」を4年間の時限立法として制定するとともに、人道復興支援活動を中心とした対応措置に関する基本計画を閣議決定した。

これにより、陸上自衛隊は、2004年1月から06年7月まで、イラク復興支援群は約3か月、イラク復興業務支援隊は約6か月で要員交代の各600人弱、延べ約5600人の隊員を派遣し、イラク南部のサマーワにて、医療、給水、公共設備の復旧整備などの人道支援活動を実施した。

航空自衛隊は、2003年12月から2009年2月まで、C-130H輸送機3機、人員約200人（2006年7月以降は約210人）からなるイラク復興支援派遣輸送航空隊を編成し、クウェートのアリ・アルサレム飛行場からイラクのアリ・バグダッド・エルビル各飛行場間で陸上自衛隊への補給物資やわが国からの人道復興関連物資などを輸送するとともに、多国籍軍関係者や物資の輸送業務を実施した。

海上自衛隊は、2004年2月から4月までの間、輸送艦・護衛艦各1隻、人員約330人をもって、陸上自衛隊の車両などを輸送した。活動は「非戦闘地域」に限定されていたが、陸上自衛隊が活動したサマーワは「戦闘地域」ではないかということが論議になった。

イラク人道復興支援（その2）

自衛隊の活動に寄せられた歓迎と感謝

第1次イラク復興支援群長（当時）番匠幸一郎

イラクの人々に笑顔と希望を

イラク戦争の開戦から早くも16年が経過した。今もイラクの状況を伝えるニュースを目にするたびに、日本から遠く8000キロ離れた中東の灼熱の大地において、汗と砂塵にまみれながら夢中で活動していた日々を思い出す。

2004年2月、旭川の第2師団司令部で行なわれた「第1次イラク復興支援群」の「隊旗授与式」において、私はともに赴く隊員たちに「日本人らしく、誠実に心を込めて、武士道の国の自衛官らしく、規律正しく堂々と、与えられた任務の完遂に努めよう」と呼びかけた。

イラン・イラク戦争、湾岸戦争からイラク戦争と続く、長い戦乱による荒廃のなかで、困窮と不安を抱え支援を求めていたイラクの人々を助け、未来に希望を持ってもらおうと、われわれは任務として与えられた人道復興支援活動に取り組んだ。

その時、つねに心にあったのは、イラクの復興の主役はわれわれのように外国から来た者ではなく、イラク人自身であり、自衛隊派遣部隊の役目は彼らに勇気と希望をもって国家の再建・復興に取り組んでもらうための後押しをするということだった。

だからこそ「郷に入れば郷に従え」と、現地の人々と同じ目線に立ってともに汗を流し、日本の代表として日本人の「善意」を届けるという気持ちで任務に取り組んだ。

隊員たちは「SU（スーパーうぐいす嬢）作戦」と称し、走行中の車両から身を乗り出して住民に手を振り、5月5日の「子供の日」には現地住民とともにユーフラテス川に約100匹の鯉のぼりを泳がせた。

ユーフラテス川で泳がせた100匹の鯉のぼり。

また、復興支援活動の傍ら、各地の小学校を訪ね、日本中の有志から寄贈された文房具セットを子供たちに渡したり、音楽隊の隊員によるミニコンサートや歯磨きの実演指導なども行なった。

予期した以上にイラクの人々はわれわれに好意的で、道行く人々からの笑顔と挨拶、「活動に対する感謝」示すため宿営地に大勢でやってくる住民など、派遣期間の終始を通じ人道復興支援活動への感謝と歓迎の意を表してくれたことを思い出す。

「当たり前のことの大切さ」を再認識

今、あらためて当時のイラク派遣任務を振り返る時、特に印象に残ることが三点ある。

その第一は、「日本という国、そして日本人の素晴らしさを再認識したこと」である。黒焦げの戦車などの残骸が残る戦争直後の荒涼としたイラクの大地から、緑豊かでみずみずしい自然に溢れ、世界でも最も近代的に発展した、安全で清潔な祖国日本に帰国した時、「この国に生まれてよかった」と日本人であることを心から感謝した。

イラク人からは、つねに日本の歴史への尊敬と、日本人の持つ誠実さや勤勉さなどの資質を高く評価され、日本人であること、そしてその日本を代表して任務に就いている自衛官であることを誇りに思う毎日だった。

第二は、「平素からの当たり前のことの大切さ」である。現地に赴いて活動を進めながら、私はイラクにおいて特別なことをしているという意識はほとんどなかった。

むしろ、日々の任務や生活のすべてが、これまで教え育てられてきたことの延長線上にあると感じていた。特に入隊以来自衛官として教えられてきたことのすべてが、この任務に直結していることを実感した。

指揮・幕僚活動のあり方、組織における上下左右の信頼、団結・規律・士気の大切さ、妥協のない厳しく確実な訓練の反復、基本・基礎の意味、服務指導の価値など、イラクの現場のすべては純然たる軍事作戦であった。そして、日本にいて日々当たり前のように感じていたことの本当の意味を教えられ、またその真価を問われる機会となった。

サマーワの宿営地に翻るイラクと日本の国旗。

勇気づけられた日本からの激励や応援

そして三番目は、「現地で何が最も嬉しかったか」ということである。

それは、じつは日本からの激励や応援の声だった。当時、内外にイラク派遣をめぐるさまざまな議論や意見があることは承知していたが、日本から送られてくる励ましのメッセージや活動の成果や評価を伝える報道はわれわれを勇気づけ、任務に励むエネルギーを倍増してくれるものだった。特に平素は空気のように当たり前の存在であった家族、そして自衛隊父兄会をはじめとする防衛協力諸団体の皆様から届けられた、文字どおり「親身」の激励や応援の手紙や声は、何よりも嬉しく感激するものだった。

任務の完遂と無事の帰国を願った「祈り」は、日本とイラクの距離を超越してつねにわれわれを温かく強力に包んでくれていると感じていた。

イラク派遣に参加した者の一人として、この任務が部内外にわたり、いかに多くの方々の努力と支援によって成り立っていたか、今もその感謝の気持ちを忘れることはない。

また、イラク派遣は過去のものとなったが、そこで学び気づかされたことを財産としつつ、今後、自衛隊が直面するであろう広範かつ複雑で、より厳しい任務に取り組んでいくために、一層進化し続けなければならないと痛感する。

そして、いつどこでいかなる任務を与えられようとも、淡々粛々と、日本人らしく謙虚にかつ誠実に、その任を果たして欲しいと願うものである。

イラク人道復興支援（その3）

徹底した訓練で培った自信と謙虚さを持って

第4次イラク復興支援群長（当時）福田築

イラクの子供たちをわが子に重ねあわせ

２００４年11月13日、神町駐屯地（山形県東根市）で「第4次イラク復興支援群」の隊旗授与式が行なわれ、私は大野功統（よしのり）防衛庁長官（当時）より隊旗を受領し、同日、仙台空港から経由地のクウェートに向け出発した。

「これから山形は厳しい雪に覆われることになるが、雪解け前に全員無事で元気に帰ってくる」と笑顔と涙が混在するご家族の前で誓い、駐屯地を後にしたことを今でも鮮明に覚えている。イラクの復興という疲弊した国家の平和構築の一翼を担うことに大きな誇りを感じつつ、一方で隊員の安全を強く意識せざるを得ない状況のなかでの出国であった。

安全の確保に細心の注意を払いつつも、貧しさを感じさせないイラクの子供たちのキラキラ輝く目と屈託のない笑顔に接した瞬間から「この子供たちの輝かしい未来のために」と第4次群全隊員が心を一つにして迷いなく現地での活動に集中することができた。皆がイラクの子供たちを、日本で帰りを待つわが子や家族と重ね合わせたのだろう。

第1次群から第3次群までの群長以下、素晴らしい隊員たちの汗と涙によって重くなったバトンを確実に受け継ぎ、より良い状態で次の第5次群へ渡すことも私に課せられた使命であった。

厳しい情勢下、活動を開始

ひと言で「イラク復興支援群」といっても第1次群から第10次群のそれぞれで置かれた環境は異なる。第4次群は、冬季かつ雨季という期間での活動であったため、第1次群から第3次群までが経験した高温、砂嵐といった過酷な状況とは異なり、気候によるストレスはなかった。ただし、昼夜の温度差が激しく、昼は冷房、夜は暖房が欠かせない環境だったため、健康管理には注意を要した。

また、第4次群の活動開始時期はラマダン（断食）明けに重なり、また活動期間中にはイスラム教シーア派の最大の宗教行事であり例年過激な盛り上がりをみせる「アシュラ」が行なわれ、この間、住民の感情は必ずしも平静が保たれない状況になるおそれもあった。

そして活動中、何よりも注意しなければならなかったことは、サダム・フセイン失脚後、半世紀ぶりに民主的な議会選挙が実施されることであった。選挙実施に向け、宗派（シーア派とスンニ派）対立が激化し、バグダッドをはじめ主要都市では自爆テロなどが連日発生している状況であった。そのため、陸幕など上級司令部のイラク現地の危険度見積もりは、たいへん厳しいものだったのも事実である。

第４次イラク復興支援群の派遣隊員たち。東北方面隊第６師団の隊員たちを主力に編成された。

事前の準備と訓練で得られたもの

このような情勢のなか、われわれが任務に赴くにあたって事前になすべきことは、部隊として、個人として、これらの情勢に惑わされることなく「自信をもって臨む」ための準備であった。

出国前の事前訓練においては、王城寺原（おうじょうじはら）演習場（宮城県）にイラクのサマーワ宿営地を模した訓練施設で納得のいくまで徹底的に訓練を実施した。

特に危険を速やかに察知する感性を磨き上げる鍛錬は欠かせなかった。出国前の事前訓練終了後、森勉陸幕長に王城寺原演習場にて、その旨の報告をさせていただいた。朝からとても冷たい雨が降りしきる日だったと記憶している。まさに訓練に裏付けされた「自信」を意識するとともに、任務の必遂を誓った瞬間でもあった。

自信というのは、当然のことながら個人としての、また部隊としての威容となって表れ、周囲を感化する。そして自信を持てば持つほど不思議と謙虚になれるものである。「自信と謙虚さ」。第1次群長を務めた番匠幸一郎1等陸佐（当時）が示した「武士道の国から来た自衛隊」の具現という思いと通じるものがある。

そして現地イラクでの活動中、さまざまなことに思いを巡らし各種手段を講じるなかで、特に意識したことは「情報の共有と徹底」である。

現地では、サマーワ宿営地の第1ゲートの警備にあたる陸士、あるいは活動地域の警備にあたる陸曹など、まさに最前線、末端の隊員に正しい情報が正確に伝わっていることがきわめて重要だった。なぜならば、第1ゲートを守る若い隊員が誤った行動をとれば群全体の活動がすべて無となるからだ。つねに第一線のしかも最前線の隊員のことを意識して、情報の共有と徹底を図ることに細心の注意を払ったものだ。

このほか、「イラクでは引き返す勇気が必要」なことなど感じたことは多々あり、イラクで得た教訓なり成果は短い言葉ではとても言い尽くせるものでないが、イラクでの教訓などは研究本部でしっかり整理・分析されている。

将来の海外活動に備えて

2007年、防衛庁が防衛省に移行するとともに国際平和協力活動が、自衛隊の本来任務の一つに位置づけられ、さらに国際任務をも遂行する中央即応集団が新編された（2018年廃止、陸上総隊に移行）。それ以来、国際平和協力活動への参加機会が著しく増大しつつあり、この傾向は今後も続くであろう。異国の地での活動も多くなるだろうが、決して臆することはない。

サマーワ地域住民との交流行事に参加、イラクの子供たちに囲まれる筆者。

任務に赴く際には、イラクをはじめとする過去の活動の貴重な教訓を大いに参考とし、徹底した訓練を行なって、「自信をもって臨む」ように心がけることが肝要である。

第5次群への引き継ぎを終え、イラクのタリル空港からクウェートへ空路、帰還途上のC‐130Hの機内で空自搭乗員から耳元でそっと伝えられた「今、国境を越えました」という言葉を聞き、一人涙したのを生涯忘れることはない。

あの時の感動とともに、事前準備をはじめとするすべての第4次イラク復興支援活動および活動に携わった600人の隊員を誇りとし、私の生涯の宝物にしたい。

そしてイラクの再建に携わった者の一人として、キラキラと輝く目をした子供たちに明るい未来が訪れるよう、イラクの復興を真に心より願っている。そして、活動に際しつねに「心の支え」となっていただいた隊員ご家族の皆様に心より感謝している。

イラク人道復興支援の概要（2）

陸上自衛隊は2004年1月の先遣隊および同年2月の第1次復興支援群の派遣以来、延べ約5600人の隊員が、約2年半にわたり、サマーワを中心とするムサンナ県において、医療、給水、公共施設の復旧整備などの人道復興支援活動に取り組んだ。

ムサンナ県は開発から取り残され、住民の基礎的な生活基盤が著しく疲弊し、イラク国内で最も貧しく、かつ失業率が高い県だったが、電力、給水、医療・保健、教育、輸送など、自衛隊による復興支援活動と2億ドル以上のODAによる支援により、地域住民の基礎的な生活基盤の再建と雇用機会の拡大に貢献した。

電力供給については、完成後は県全体の総需要（200MW）の約三分の一を賄うこととなるサマーワ大型発電所の工事に着手するとともに、医療・保健分野では、ムサンナ県内の基礎医療基盤の確立に貢献し、新生児死亡率が約三分の一に改善された。また、雇用創出では1日あたり最大で約1100人（延べ約49万人）を雇用するなどの効果もあった。

イラク人道復興支援（その4）

航空自衛隊輸送航空隊、初の脅威下の運航

第1期イラク復興支援派遣輸送航空隊司令（当時）新田明之

最新情報を付加した現地訓練

「第1期イラク復興支援派遣輸送航空隊」は、2004年1月30日にクウェート国のアリ・アルサレム空軍基地（以下「アルサレム基地」と表記）に集結を完了した。

アルサレム基地到着後、施設の整備や諸業務の準備とともに搭乗員の訓練を開始した。派遣隊の搭乗員は、事前に国内でテロ攻撃からの回避訓練を積み重ねてきたが、最終的に現地でしか得られない情報を加えて準備の集大成とするために、すでに空輸任務を実施している米軍搭乗員などからイラク国内の飛行場への出発、進入方式や航空路の飛行要領などに関するブリーフィングを受講した。この手順や要領は日々変更されるが、これを誤ると多国籍軍同士の空中衝突やテロの集中攻撃を受けるこ

とにもなりかねないので極めて重要なものであった。

こうして入手した最新情報を付加しての訓練を数週間実施したが、この現地での訓練が実脅威下での運航経験のない搭乗員にとって、技術の向上はもとより任務遂行に対する多大な自信をもたらした。

クウェートのアルサレム基地で整備中のC-130H輸送機。

派遣隊員の高い資質と熱意

一方、飛行隊を支える派遣整備隊や業務隊の隊員たちは、2月でも気温30度を超える環境下、自らは不完全な居住環境の中で後続の派遣隊員たちの生活環境を整える任務を黙々と遂行した。クウェート軍や米軍との必要な調整は、幹部・曹士の別なくそれぞれの担当する相手に対して直接出向いて通訳なしで交渉しなければ部隊建設が間に合わないという状況で困難を極めた。

このようなこともあって、クウェート軍や米軍の指揮官と話をすると、しばしばわが派遣隊員の質の高さを賞賛された。私を含めて隊員たちはアラビア語や英語が堪能なわけではない。これは、脅威が存在することを前提に自己犠牲もいとわず任務を遂行する覚悟を持って選抜派遣された一人ひとりの隊員の熱情が、同じ軍人としての感性に響いて言葉を超えてその行動力が相手に伝わった結果であろうと思う。過去の国内での米軍との共同訓練では感ずることのなかった手ごたえであった。

緊張を強いられながらも任務完遂

アルサレム基地展開から約1か月後の2004年3月3日、初任務飛行の命令が下された。任務は、アルサレム基地からイラク南部のタリル飛行場まで、日本からサマーワ母子病院に贈られる新生児保育器、心電計、吸引機などの医療機材を中心とした貨物約2トンの空輸であった。

任務当日は、搭乗者を私以下8人に制限して午前8時50分にアルサレム基地を離陸した。

この派遣で運用したC‐130H輸送機は地対空ミサイルの回避装置や防弾板を追加装備したほか、機体塗装も従来のダークグリーンとダークグレーを基調とした迷彩塗装から、機体の視認性を低減させるため青空に似た空色に改めている。米軍機はグレーの塗装のため自衛隊機とは異なるものの、距離が遠いと色の違いは識別できず、一つの点としか見えない。また識別できたとしても、テロリストが「人道復興支援」の目的で飛んでいる自衛隊機だけを区別して攻撃しないということも期待できない。

したがって、初任務の機体がイラク国境内に入ってからは、ミサイル攻撃を最初に発見した搭乗員が「ブレーク」と声をかけると、操縦者は直ちに急激な回避機動を起こすので、きつく座席ベルトを締めてエンジン音のみが響く機内で緊張に耐えるのみであった。往路で、一部攻撃の兆候らしきものがあり、冷や汗をかいたが、無事タリル飛行場に到着して、積み荷を陸上自衛隊の復興業務支援隊長の佐藤正久1等陸佐に手渡すことができた。

実戦経験がない航空自衛隊の初めての脅威下での運航に不安もあったが、先人の築いた伝統と、日々の訓練で培った実力は実脅威下でも有効であることが実証された。さらに、隊員の資質の高さも他国の軍隊が認めるところとなった。第1期の派遣隊司令を拝命した私の任務は、部下隊員を無事に家族の下に帰した時点で、初めてすべて完了したことになるという決意を持って臨んだ。結果として任務は完遂することができたが、今後も自衛隊がこの能力を維持向上させていくには、不断の防衛力整備と訓練が不可欠であると考える。

陸自第1次イラク復興業務支援隊長佐藤1佐（当時）と筆者（タリル飛行場にて）。

イラク人道復興支援の概要（3）

2003年8月1日に「イラクにおける人道復興支援活動および安全確保支援活動の実施に関する

特別措置法（イラク特措法）」が施行され、人道復興支援活動と安全確保支援活動を目的として自衛隊が派遣されることとなった。

航空自衛隊は同年12月24日、愛知県小牧基地で小泉純一郎総理大臣をはじめとする各位の臨席のもと「イラク復興支援派遣輸送航空隊」編成完結式を挙行した。

2日後には約40人の先遣要員が民間機でクウェートに出発したのに続き、約10人で編成された空輸調整班を湾岸周辺国に設置された米軍の統合航空作戦調整所に派遣した。そして、空輸活動の拠点となるクウェートの空軍基地に3機のC－130H輸送機と約200人の隊員が派遣された。

派遣輸送航空隊は、2008年12月までの5年間に任務運航延べ821回、人員延べ4万6479人と貨物672・5トンを空輸した。

これ以前に実施した国際平和協力業務や国際緊急援助活動での空輸、航空機運用とは異なり、脅威下での運航を安全に完遂したことは大きな成果であった。

イラク人道復興支援（その5）

復興支援を通じて「イラクに残してきたもの」

第3次イラク復興業務支援隊長（当時）岩村公史

冬でも灼熱のイラクの地を踏む

2005年1月12日、われわれを乗せた航空自衛隊のC－130H輸送機はイラク南部にあるタリル飛行場に近づくと、対空火器の脅威を局限するため、急激に降下を始めた。そして着陸寸前、機首をやや上方に向け、滑らかに着陸した。

輸送機後部のカーゴドアが開くと、眩いばかりの光に照らされた地上から熱風が吹き込んできた。1月だというのに気温は30度を超えている。日本では真夏の陽気だがイラクでは冬なのである。

「イラク特措法」に基づき、人道復興支援活動のため、日本がイラクに部隊を派遣して約1年が経過したこの日、われわれイラク復興業務支援隊第3次要員はイラクの地を踏んだ。

タリル飛行場から、われわれの活動地域であるムサンナ県のサマーワ宿営地までは陸路で移動する。全員がそれぞれの銃に実弾を半装填（実弾の入った弾倉を取り付け、銃の遊底をスライドするだけで銃弾を装填できる状態）し、軽装甲機動車に乗り込んだ。

車両は数両ずつ、車間を空けない隊形で高速で走行する。路肩に仕掛けられたＩＥＤ（即席爆発装置）が爆発した場合に被害を局限するためである。

約１１０キロメートルの距離を休みなしで北上し、ようやくサマーワ宿営地に到着すると、入り口で第４次イラク復興支援群長の福田築1等陸佐（当時）が出迎えてくれた。

「イラク復興業務支援隊第３次要員、到着異常なし」と報告した時には、防弾チョッキの下の戦闘服は、暑さと緊張による汗でグッショリと濡れていた。

日が沈むと気温は急激に下る。夜間、氷点下となることもあった。やはり冬である。

暑さが住民たちの不満を増幅させる

3月末頃から気温がぐっと上昇してくる。不思議なことに、日本では秋に鳴くコオロギがこの時期にしきりに鳴いている。確かな根拠はないが、イラクのコオロギは卵のまま過酷な夏を越すのではないかと思う。その証拠に5月中旬にはまったくコオロギの姿は見えなくなる。

昼間の気温は50度を超え、ドアノブを素手でさわると火傷してしまうくらいの暑さで、すべてのものが沸騰しているかのようだ。

この時期を境に、それまで温厚だったイラクの人々の様子がガラッと変わる。イライラとした、とげとげしい態度になった。現地は慢性的な電力不足で、エアコンがあっても使えず、清潔な飲み水も十分でなく、じっと暑さに耐えるしかない。やり場のない不満が人々の心に鬱積してくるのである。

人々の心がわれわれから離れると、それは脅威のレベルが上がることを意味している。住民たちは、不審な人物がその地域に入ってくるとわれわれに通報してくれたり、時には体を張ってわれわれを守ってくれていた。部族社会のイラクでは、戦争のためではなく、イラクの復興のためにはるばる日本から来たわれわれは、彼らにとって客人であり家族であると思っていてくれた。

だから、日本がイラクに部隊を派遣して二度目の夏を迎えるまでには、目に見える復興支援活動の成果を彼らに示す必要があった。

根を張りつつあった日本人の真心や優しさ

復興業務支援隊第3次要員として現地で最初に手がけた案件は、自閉症やダウン症の子供たちが通うアル・アメル養護学校の補修整備だった。

遊び場のブランコは壊れたまま放置されていた。何度も何度も補修された痕があったが、たぶん大人たちはあきらめてしまったのだろう。子供たちはガラスの割れた薄暗い部屋で肩を寄せ合っていた。戦争では弱者は顧みられない。子供、女性、老人、病人、貧しい人々、復興支援はそういう人々を忘れてはならないのである。

この時期、給水、道路・学校・病院の補修、医療支援など、歴代の復興支援群長や復興業務支援隊長が知恵を絞って開始した案件が逐次完成しつつあった。

アル・アメル養護学校の補修完成を祝う行事に参席した筆者。

それぞれの案件は、外務省のODAと連携し、イラクの未来を見据え、社会的に弱い立場にある人々のためになる案件として仕上がりつつあり、目に見える成果としてイラクの人々に知られるようになっていた。

しかし何よりも大きな成果だったのは、隊員たちがともに現地の人たちと汗をかき、われわれの活動を通じて日本の人々の真心や優しさがイラクの人々に伝わり、しっかり根を張りつつあったことであった。

突然、IEDが爆発

ムサンナ県で行なっている日本の活動が復興のシンボルとしてイラク全土に知られるようになり、また、イラクの人々の手により南イラク復興会議がサマーワで開催されるなど、復興の筋道が見え始めた頃、事件が起こった。

6月23日、自衛隊の車列が通過していた路肩でIEDが爆発したのである。自衛隊が標的となったのか否かは不明であったが、状況から明らかに車列の攻撃を目的としたものと思われた。

幸い爆発のタイミングがずれ、人的な被害はなかったが、イラク復興の将来像がようやく見え始めた時期の事件であり、その衝撃は大きかった。

しばらく情勢を見極めるため、宿営地外での施工監督などの活動を控え、宿営地内から現地雇用者を使った施工管理方式に変更せざるをえなかった。

地元の知事や部族長などが心配して次々と宿営地に来訪した。彼らは口々に、今回の事件を防げなかったことへの謝罪と、二度と今回のようなことは起こさせないから安心してくれとの意思をわれわれに伝えようとしていた。

この事件については情報を総合すると、イラクが安定して権力構造が固まりつつある時期に、その権力中枢に留まれなかった勢力が、テロ組織の一部と連携して状況の不安定化を目論み、復興のシンボルとなりつつあるサマーワで実力行使したのではないかと推察された。艱難辛苦を乗り越え活動を継続していくか、まさに正念場であった。

残してきたものは目に見えないもの

7月に入り、われわれが最初に手がけたアル・アメル養護学校の補修が完成しつつあった。帰国も数週間後に迫っていた。われわれは同校の完成点検をもって宿営地外での活動を再開することにした。同校の補修は、現地雇用者を通じた施工管理によって想像以上の出来映えとなっていた。完成点検の日、子供たちは造花の花束を手にわれわれを出迎えてくれた。壊れていた遊具は新しく、安全なものとなっていた。割れたガラスはすべて取り替えられ、天井には新しい蛍光灯が付けられ、壁は明るい色のペンキできれいに塗られていた。子供たちの顔も明るく輝いていた。隊員たちは子供たちを抱いたり、あるいは手をつないで点検を始めた。

私は派遣期間中、隊員たちがイラクの子供たちに向ける愛情は、自分の子供に向ける愛情と同じものであると感じた。また、それはそれぞれの隊員が自身の親から与えられた愛情と同じものであるに違いないと思った。われわれがイラクに残したものは、そういう目に見えないものだったと今でも思っている。

派遣隊員は本来の活動に加え、地元住民と積極的に交流し、イラクの子供たちに明るい笑顔をもたらした。

イラク人道復興支援（その6）

イラク人による「自立的な復興」への橋渡し

第5次イラク復興業務支援隊長（当時）小瀬幹雄

締めくくりに手がけた大型プロジェクト

私は、2006（平成）18年1月から約7カ月間、イラク人道復興支援活動に復興業務支援隊第5次要員として携わりました。

イラク派遣は、従来のPKOとは異なる枠組みの派遣でしたが、本活動に携わった部内外の方々の尽力により現地状況への迅速な対応が逐次図られており、私が派遣された時期には、すでに施工管理型の地元住民や業者を活用した協力態勢が確立されているばかりか、ムサンナ県行政機関によるニーズ調整に基づく事業プロセスも定着し、外務省を通じた政府開発援助（ODA）との連携も大規模案件が検討・具体化され、着々と推進されていました。

また、われわれの活動基盤であるサマーワ宿営地は、ロケット弾攻撃などに対する施設の防護・耐弾化など安全確保の施策、隊員の居住、生活環境も充実していました。

一方で撤収に関連する検討は着手されてはいましたが、イラクにおける政治プロセスの進展およびムサンナ県における治安権限移譲の見通しなど、受動的要素が大きいなかで活動はスタートしました。こうしたなか、5月にイラクに新政権が誕生し、6月にムサンナ県の治安権限移譲が決定されたことから、日本政府は陸上自衛隊部隊の撤収を決定しました。

それによって、7月に治安権限移譲が行なわれるなかで、2年半にわたって陸自が行なってきた医療支援、公共施設の復旧・整備などの「人道復興支援活動」を締めくくり、イラク人による自立的な復興への橋渡しをすることがわれわれの課題となりました。

ムサンナ県では、2004年1月の活動開始以来、自衛隊による人的貢献とODAによる支援を「車の両輪」として着実に実施してきました。

このようなわが国の復興支援活動によって、現地の生活基盤の整備や雇用創出など目に見える成果が生まれ、今後の自立的復興を担う県行政当局の能力も向上してきていたので、大型プロジェクトである大型発電所の建設事業推進式や浄水場の合同竣工式などは、最後の締めくくりとして象徴的な式典でした。

当時、電力供給の安定化と安全な飲料水の提供は現地における最優先課題でありました。特に電力

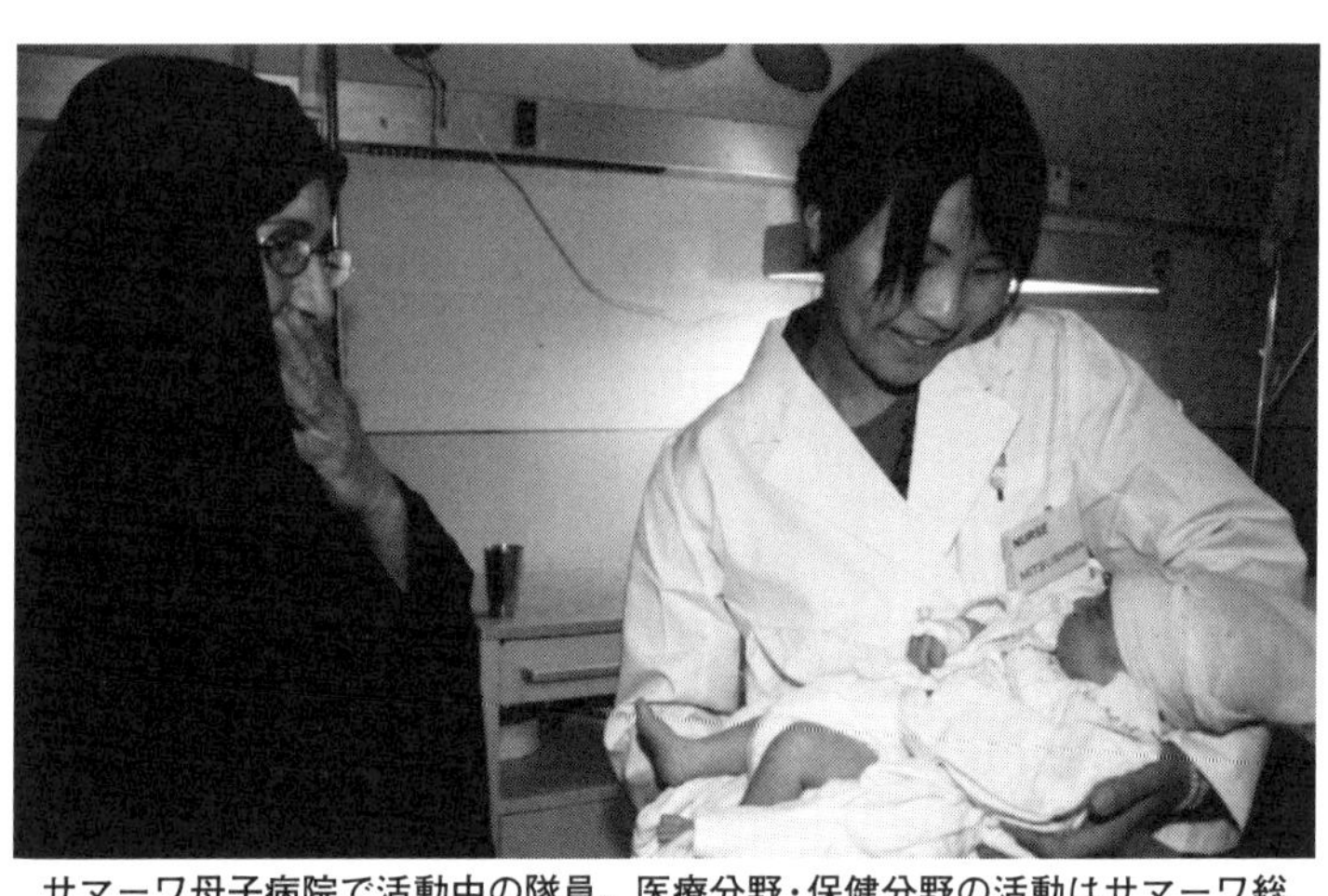

サマーワ母子病院で活動中の隊員。医療分野・保健分野の活動はサマーワ総合病院など４つの病院で実施された。

については、平均すれば1日あたり12時間に満たないような供給状況であり、サマーワでも電力不足の解消を求めるデモが行なわれるなど、大型発電所建設には地元住民の大きな期待がかかっていました。

陸自の活動中、住民からの支援の獲得は任務遂行のため、そして隊員の安全を図るためにたいへん重要であり、派遣当初から地元テレビ局を通じてPRビデオの放映や広報紙の発行・配布などを行なっていました。

復興支援の締めくくりにおいても、陸自派遣部隊の撤収は、人道復興支援の第1段階から社会復興支援の第2段階に移行するもので、日本の支援は有償資金協力や技術協力により継続されるというメッセージを発信することはきわめて重要でした。

活動を終えるあたり、今まで雇用していた現地住民に雇用証明書を発行したり、引き続き働く場所を確保するために国連機関などへの紹介なども実施しました。

陸自の撤収する時期に地元住民に対して日本政府による復興支援に関する意識調査が行なわれましたが、回答の約7割が「自衛隊の活動を高く評価する」という結果でした。また、撤収の決定を伝えても、「自衛隊はサマーワで活動を続けてほしい」という声も多いなかでの撤収となりました。

つねに隊員の安全確保を焦点に対応

ムサンナ県において陸自派遣部隊が活動するうえで、同地に展開するイギリス軍やオーストラリア軍と連携する必要があり、連絡員の相互派遣、定期的な意見交換および共同訓練などを実施していました。

撤収時におけるサマーワからの移動においても、リスクを極限する観点からヘリコプターを最大限活用しましたが、こうした平素からの連携が円滑な移動にきわめて有効でした。また、6月の撤収決定以降、輸送調整などの業務を行なう「撤収のための新たな部隊」を派遣するとともに、装備品後送に民間の輸送車両を最大限活用するなど、大規模ながら短期間での撤収を完了しました。

宿営地も、最終的には適正に管理・運営する能力などを勘案し、ムサンナ県知事の了承を得て同県の治安維持を担当するイラク陸軍に引き渡すことになりましたが、宿営地跡の引き渡しは、治安権限が多国籍軍から移譲されたばかりの同県の治安維持能力に資するだけでなく、撤収所要の軽減、さらに撤収直前まで耐弾化された施設の利用が可能となり、部隊の安全確保にもつながりました。

こうした、つねに隊員の安全確保を最優先に業務を遂行できたのは、防衛省だけでなく外務省、関係組織を含めたオールジャパンのバックアップ態勢があったことが大きいと思います。

現地の人々の目線での活動が高い評価に

イラク復興支援は、地元住民およびイラク中央政府から高い評価を受けるとともに、国際社会からも復興支援の成功例として認められました。

このことは、約2年半にわたり派遣されてきた全隊員が「イラク復興の主人公はイラク国民自身である」との認識のもと、つねにイラク国民に敬意を表し、誠実に現地の人々の目線に立った活動に努め、イラク国民からの信頼と支持を得てきた賜ものであり、その結果として一件の人的損害を出すことなく、無事に任務を終えることができたと思います。

イラク復興支援に携わった隊員の心の支えになったのは、日本の多くの方々からの激励と声援でした。特に隊員家族や自衛隊家族会をはじめとする協力諸団体の皆様からいただいた「任務完遂と無事帰国」の祈りという無形の力であったと思います。

イラク人道復興支援（その7）

イラク・サマーワから全員無事帰還

第10次イラク復興支援群長（当時）山中敏弘

灼熱のイラクへ

陸上自衛隊のイラク人道復興支援活動における最後の派遣部隊となった、われわれ第10次イラク復興支援群は、２００６年5月6日、第12旅団司令部の所在する相馬原駐屯地（群馬県北群馬郡）において隊旗を授与され、イラクに向かいました。

現地に到着し、まず驚いたのは、やはり「暑さ」でした。5月上旬だというのに、気温はすでに40度を超えています。事前に聞いてはいましたが、体が慣れていないこともあって、想像を絶するものでした。思えば、そのほんの2か月前は、氷点下の北富士演習場で派遣前の準備訓練をしていたのでした。

派遣期間中の最高気温は50度、直射日光下で60度でした。風が吹くとドライヤーの熱風を当てているような感じです。この時期、雨はまったく降らず、月に数度、砂嵐がやってくると、あたり一面がセピア色になり、ゴーグルとマスクなしで外に出ることはできませんでした。

このような過酷な気象条件下で、われわれ復興支援群は「笑顔・真心・感謝」をスローガンに掲げ、活動を開始しました。

撤収作戦の開始

約2年にわたって続けてきた復興支援活動は、応急復旧的な支援措置が必要とされる段階はほぼ終了し、イラク人自身による自立的な復興の段階に移行したものとの判断から6月20日、日本政府は陸自部隊の撤収を決定しました。これにともない、われわれは、復興支援活動も件数、規模を縮小しながら継続しつつ、撤収作業に着手しました。

撤収は人員約600人のほかにも、コンテナ約400個、車両約200両をクウェートに後送しなければなりません。人員については、5波に分けてクウェートに移動することにしました。物品の移送準備については、日中はコンテナ内部が高温になり積載作業ができないため、未明から早朝に作業しました。

この撤収時にわれわれが最も脅威としていたのは、道路の路肩に仕掛けられたＩＥＤ（即席爆発

校舎や設備の復旧・補修が完了したアル・アスマイ小学校訪問時の記念写真。

物）による攻撃です。これを回避するため、サマーワ宿営地から南東約50キロメートルに位置するタリル飛行場まではヘリコプターによる輸送支援を多国籍軍に要請しました。

多国籍軍側は、われわれが置かれている立場を非常によく理解していて、「ここで何かあったら、自衛隊はこのような国際貢献の場に来られなくなるだろう。だから、自衛隊の安全な撤収は多国籍軍にとっても最重要事項だ」と数少ないヘリコプターを優先的に割り当ててくれたのです。

緊迫した最後の24時間

撤収作戦は計画どおり順調に進み、すでに第４波の人員までがサマーワ宿営地を去り、残るは最後の約１６０人だけとなりました。

この第５波が撤収する前日の7月15日薄暮、「ドン」という鈍い音が聞こえてきました。宿営地付近に迫撃砲弾が落ちてきたのです。着弾地点は宿営地外側北約１キロメートル。その前日、前々日にも着弾がありましたが、これまでの砲撃がすべて夜間であったのに対し、今回はまだ陽が落ちきっていない時刻だったことに「今回は本気かもしれない」とこれまで以上の脅威を感じました。

続いてこの日深夜、宿営地の最も外側にある0番ゲートのエアコン・室外機が何者かに盗まれる事件が起き、緊張した一夜を過ごすことになりました。

そして、ようやく撤収日の7月16日の朝を迎えましたが、早朝からさらに思いもよらぬ事態が続きました。まず、最後の荷物を積むためのコンテナを載せた車列の到着が大幅に遅れたのです。その対処に奔走していると、今度は宿営地正面ゲート前において、イラク陸軍との交渉を求める農業権保有者たちが押しかけてきてデモを始めました。

さらに、このデモの影響で、宿営地移譲の調印式にやって来たイラク陸軍の師団長が宿営地に入れず、調印式を行なうことができない事態となり、もう一晩、宿営地に留まるか、予定どおり撤収するかの決断を迫られることになったのです。

最終的にはイラク陸軍の中隊が宿営地の正面ゲートに到着したことを確認し、予定より3時間遅れの午後8時に、第9次群が設置してくれていた裏のゲートから宿営地を離れました。

この移動間にも車両故障などのトラブルがあり、最後の車両がタリル飛行場に到着した時は、ここまで無事に来られた安堵と、派遣命令が下されて以来の日々を思い出し、胸が熱くなったことを今でも鮮明に覚えています。

任務完遂・無事帰国

7月25日早朝、第10次イラク復興支援群の最後の約200人を乗せた日本航空のチャーター機が羽田空港に着陸しました。空港のロビーでは先崎一(まっさきはじめ)統合幕僚長(当時)をはじめ、多くの方々に出迎えていただきました。約600人の命を預かる復興支援群長として、ずっしりと重くのしかかっていた肩の荷が下りた瞬間でした。

羽田空港から都内を車両で移動中、車窓から見える木々の緑や整然とした街並みがとても美しいと感じました。そして、防弾チョッキを装着することもなく、景色を楽しみながら安心して車両に乗っていられることに多少の違和感を覚えながらも、幸せを感じていました。

額賀福志郎防衛庁長官(当時)へ隊旗を返還する筆者(2006年7月29日、朝霞駐屯地)

「この美しく平和な国は絶対に守らなければならない」。わが国の平和と安全を守る自衛隊、そして自衛官としての使命を改めて認識するとともに、決意を新たにした次第です。

イラク人道復興支援（その7）

戸惑いながらも派遣輸送航空隊の撤収

イラク復興支援派遣撤収業務隊司令（当時）寒河江勇美

撤収業務の概要

航空自衛隊機による空輸を主体に実施したイラク復興支援活動は、陸上自衛隊の派遣部隊による活動が終了（2006年7月）したあとの2008年12月まで行なわれ、約5年間にわたり、延べ3600人の隊員が従事し、飛行距離約70万キロメートル（地球17周に相当）、輸送した人員は約4万6500人、貨物は約670トン（うち国連支援輸送は人員約2800人、貨物約112トン）にのぼりました。そして、2009年2月14日、撤収業務隊が帰国し、その任務が終了しました。その間、一件の事故、不祥事もなく、高い規律を維持し、多国籍軍からも非常に高い評価を受けました。

ここでは、私が第3期イラク復興支援派遣輸送航空隊での勤務に続き、2回目の派遣であった最後の撤収業務の状況や現地で感じたことなどを紹介します。

撤収業務隊は、２００８年12月に派遣開始、空輸活動の拠点であったクウェートのアリ・アルサレム空軍基地において、最終空輸任務を完遂した第16期派遣輸送航空隊から業務を移管され、使用していた物品をすべて引き継ぐことから活動を開始しました。

物品は使用できる物、できない物、日本に輸送する物、現地で処分する物を一つひとつ確認して判断し、それに沿った輸送のため準備や廃棄などの処置を実施しました。日本への物品輸送に関しては、日本国内で契約した業者に委託し、航空貨物約64トン、船舶貨物約87トン、計１５１トンを発送しました。

宿舎など施設は、事務、通信、補給、整備、厚生などそれぞれの分野で計画的に撤収の準備を行ない、完了した隊員を逐次帰国させ、空いた建物から部外の現地業者を活用して室内の清掃と補修塗装などを行ないました。事務所は業務の進捗を確認しつつ、隊員自らが時間をつくり、隅々まで清掃と塗装を実施しました。計画を立案・実行する部署などは、日中に作業の進捗状況の確認および指導を行ない、それが一段落した夜間に清掃や塗装を行なうという状況でした。

通信設備は航空機の運航のための運用施設や関連の事務所の通信器材をすべて撤去しなければなりませんでしたが、特にもうもうと埃が舞うなか、マスクやゴーグルを着けて、床下や天井裏を汗だくになって這いずり回りながら張り巡らされたケーブル類の撤去作業となりました。

船舶輸送で後送する車両や大型機材を積み出し港へ運ぶため、トレーラーへの積載作業。

プレハブ施設などは、後送に要する費用対効果を考慮し、不用決定の後、クウェート軍に移譲することになり、物件を一つずつ、クウェート軍担当者とともにチェックして、正式にサインを交わして引き渡しました。

徹底した「立つ鳥跡を濁さず」

撤収業務隊の任務は、イラク復興支援活動の「しんがり」として、航空自衛隊が初めて実施した海外での長期滞在型の国際貢献活動を無事終結させるものでした。しかし、このような撤収業務自体、航空自衛隊史上初めての任務であり、これが同様の活動における「モデルケース」となり、前例として残る重要なものでした。

このため、この任務を実施するにあたり、隊員たちに要望したことは「立つ鳥跡を濁さず」という日本の美徳を実践することと、そして武士道の国から来た日本人の誇りを胸につねに活動して欲しいということでした。この任務のため、全国から選りすぐられた隊員は、それぞれの職域できわめて高い能力を有しており、高い意識をもって活動し、完璧に任務を遂行してくれました。

しかしながら、借用していた施設などを借りた時以上にきれいな状態にして返す、つまり日本の美徳を具現して他国の軍隊の前でそれを示すことは、考えていた以上に多難なことでした。その一例を紹介します。

クウェート軍から借用し、使用していた宿舎などの後片付けは、部外の現地業者との契約により実施しました。業者は実際の作業は「ワーカー」と呼ばれる東南アジアなどからの労働者を使って行ないますが、これはクウェート国内では一般的なことでした。

われわれは妥協することなく、窓枠の隅々まで汚れを取り除き、壁の塗装も丁寧なきれいな仕上がりを業者に要求しました。ところが、そのような日本人の感覚はまったく理解されず、「あなたたちが求めるようなことは、今まで聞いたことも、やったこともない」という感じで、「この人たちは何を言っているのだろう」という状態でした。

予想以上に難航した清掃・補修作業

クウェートには四季がなく、乾燥酷暑の夏季と涼しく雨も降る冬季に分かれます。特に6月から9月は、最高気温は50度前後、湿度は10パーセント以下という厳しい気候になります。

年間をとおして風が強く、ひじょうに細かい粒子の砂漠の砂を巻き上げて「砂塵」を発生させ、ひどい時は10メートル先が見えなくなる時もあります。この砂塵が建物の窓枠の隙間など、至るところから室内に侵入し、室内全体が降り積もった塵でいつも白っぽくなっているのが常態でした。

したがって、清掃は水を絞った雑巾やモップで汚れも砂塵も一緒に拭き取るだけなのです。どうせまた砂塵が入るのだからその時また拭けばよいという感じです。掃除機で砂を吸い取ろうとすると、砂でフィルターがすぐ目詰まりしてしまい、かえって塵を除去できないばかりか、掃除機が故障してしまいます。

また、室内の補修塗装については、以前の塗膜をきれいに除去し、それから塗り直すのではなく、剥がれかけた塗膜を簡単に払い落とすだけで、そこに重ね塗りしていました。このため補修箇所は塗膜が浮いて捲れ上がり、触るといくらでもパリパリと剥がれ落ちるという状態でした。

航空自衛隊との契約で仕事を請け負った企業の日本人駐在員の監督者を通じ、現地業者にはわれわれが納得できる状態になるまでも何度も修正をお願いしました。

その監督者の方がわれわれの要望やこの業務への熱い思いを理解し、時には自ら作業をやって見せながら未経験のワーカーに一生懸命教えたこともあって、何とか満足のいく状態にすることができました。一つの建物の清掃・補修塗装を1週間以内に終了させる計画でしたが、結果的に3週間を要することになってしまいました。

日本人の誇りと気概をもって

これはほんの一例にすぎず、かつ、このようなレベルの話だけではありません。国や地域によっては、これまで学んできたことや過去の経験では推し測れないことが多々あり、日本の常識や感覚が通じないことを痛感させられました。

このような厳しい自然環境、そして文化や生活習慣の異なる遠い外国の地で、隊員たちはこれまで航空自衛隊で培ってきた高い知識と技能をいかんなく発揮して、この航空自衛隊初めての、かつ重要な任務を完璧に遂行しました。

この任務遂行の底流にあったのは、生まれた時から家族の深い愛情のもとで育まれ、教えられて身に着けてきた日本人としての誇りと気概があったからこそと思っています。海外および全国津々浦々で日夜活躍している自衛官、そして防衛省・自衛隊に、今後ともさらなるご理解とご支援をお願いいたします。

南スーダン国際平和協力業務

中央即応連隊の信条をもって任務遂行

南スーダン第1次派遣施設隊隊長（当時）　坂間輝男

連隊の任務と隊員の「志」

中央即応連隊は、「中央即応集団（2018年廃止、陸上総隊に移行）」の隷下部隊として、「国内の有事における緊急展開部隊」および「海外派遣任務における先遣部隊」という任務を与えられ、2008年3月に新編されました。

連隊は編成完結時の隊旗授与式における初代連隊長、山本雅治一等陸佐の言葉「われらが祖国日本のため、正義と信義に基づき、命をかけて任務を必遂すべし」という信条を継承しつつ、以来、海外活動ではハイチ国際平和協力業務、ジブチでの派遣海賊対処行動支援隊、国内では東日本大震災にともなう福島原発事故対応などの派遣を重ねてきました。

この信条は自衛官の服務の宣誓「事に臨んでは危険を顧みず、身をもって責務の完遂に務め、もって国民の負託にこたえる」を具体化したものとして、連隊全隊員の「志」となっています。2012年1月から開始された南スーダン国際平和協力業務への派遣においても、この志をもって任務遂行に臨みました。

本派遣でも当初から部隊運用や後方支援態勢をはじめ、国内の家族支援にいたるまで、これまで国内外での活動の経験から得た教訓を施策として反映することができました。また、派遣されなかった残留の隊員は、次の来るべき派遣任務に備えた訓練を重ね、しっかり力を蓄えるとともに、帰国した派遣隊員との一体化を醸成し、連隊の基盤を構築する仕組みも確立しました。

このように継続的に国際貢献活動への派遣に即応態勢を維持している部隊は、世界各国軍の中でも少ないのではないかと思います。

第1次派遣施設隊の任務

南スーダンへの派遣にあたって、われわれ第1次派遣部隊は「日本の和の心をもって、南スーダンの国造りを支援する」という想いを込め、活動の作戦名を「和魂（わこん）の疾風（かぜ）」としました。第1次派遣部隊の任務は、活動の基盤となる宿営地を整備するとともに、主たる活動地域の首都のジュバ周辺における道路などのインフラ整備に着手し、それを軌道にのせて、今後の活動の基礎を造って第2次派遣部隊につないでいくことでした。

また、当初の派遣施設隊と現地支援調整所の関係は、派遣施設隊が「国連南スーダン共和国ミッション（UNMISS）」の指揮下に入り、現地支援調整所が側面から調整機能を果たすことで、UNMISSの要求と、インフラ整備などの諸活動がバランスよく実施できるように配慮されていました。

こうして、最初に手がけた活動は、UNMISS司令部敷地内（トンピン地区）の排水溝の浚渫作業および中央道路の暗渠の整備でした。

次にジュバ周辺でのインフラ整備は、ジュベル川の給水点までの連絡道の整備、また国連職員宿舎連絡道の整備、UNHCR（国連難民高等弁務官事務所）のウェイステーション（帰還難民一時収容施設）の敷地造成などでしたが、これらも第2次派遣部隊につなげることができました。

官民一体の兵站・物流

海外活動への派遣においてつねに課題となるのは、「兵站・物流（部隊の移動や補給・整備など）」を構成し、どう機能させていくかということです。本派遣では、日本からアフリカ中央部まで約1万キロメートルの長大な「兵站連絡線」（後方支援などに利用できる経路）を克服し、人員、装備品などを輸送することができたのは、関係機関・組織の協力が大きかったと考えています。

人員は、２０１２年1月中旬から先遣隊と主力先発隊、2月中旬には主力第1派、3月下旬に主力第2派（施設小隊）が現地入りすることができ、部隊の展開を順調に完了することができました。装備品や各種資機材・物品は、航空自衛隊のC‐１３０H輸送機による空輸のほか、ロシアからチャーターしたアントノフAn‐１２４輸送機により、同機40機分の所要量を輸送しました。

道路の補修工事の起工式。南スーダンの住民とともに。

特にイラクやハイチ派遣時の部外業者を活用した輸送業務の経験が反映され、兵站・物流の軸となったものと考えています。部外業者の協力がなければ、派遣部隊が3月上旬に活動開始の運びにはならなかったと思います。

また、自衛隊として派遣される側も送り出す側も海外活動における部隊運用、業務運営を準備段階からイメージを共有することができていたので、それを反映して円滑に諸案件を処理していくことができたため、部隊の展開、主たる活動であるインフラ整備活動も実現できました。

中央即応集団（当時）が「作戦司令部として活動の実施をリードし、官民一体となって必要な人と物を同時に現地に展開させなければならない」という派遣決定時からの方針が兵站・物流基盤構築の成功のすべてと言っても過言でないと思います。

現地の子供たちへの想い

国連機関の皆さんの協力を得て、記念すべき最初の起工式において、現地の住民や子供たちと記念写真を撮ることができて本当によかったと思っています。微力ながら、南スーダンの国づくりのために、そしてここの子供たちの笑顔のために、UNMISSの一員として任務を遂行することができました。

子供たちへの支援は国連機関などにより、さまざまなかたちで行なわれていますが、活動中、出会った現地の教会で活動している日本人シスターの言葉を紹介します。

「数年間も戦争状態になっていたので、大人は全般的に教育水準がとても低く、どうしても〝力が正義〟だと認識してしまっているところがあり、それが暴力の連鎖につながっていることが多く見受けられます。アフリカの子供たちのために、今、役立つことをしたいと思って活動していますが、将来的には子供たちの教育が必要だと思います」というものでした。

南スーダンの安定化、国づくりの進展を願ってやみません。そして充実した教育のもとで将来、子供たちの中からこの国を背負って立つような人が現れてくれることを心から祈っています。

約5年半にわたった自衛隊部隊による南スーダンでの国際平和協力業務は2017年5月に終了し

ましたが、各次要員はこの活動を通じて、インフラ整備などの目に見える成果のみならず、日本と南スーダンとの友好親善にも大きく寄与したと思います。

部内外の関係機関・組織はもちろん、派遣隊員の家族などの絶大な支援など、いわば「日本の国力」の後押しで、南スーダンでの第1次要員としての任務が全うできたことを今でも感謝しています。

国連南スーダン共和国ミッション（UNMISS）の概要

南部スーダンにおいては、スーダン政府（イスラム教・アラブ系）とスーダン人民解放運動・軍（キリスト教・アフリカ系）の対立を経て、2005年1月、両者はCPA（南北包括和平合意）に署名し、紛争が終結した。同年3月、CPA履行支援などを任務とする国連スーダン・ミッション（UNMIS）が設立された（わが国は2008年10月以降、UNMIS司令部要員として自衛官2人を派遣）。2011年1月に実施された南部スーダン住民投票の結果を受け、同年7月に南スーダンが独立。これにともないUNMISがその任務を終了する一方、平和と安全の定着および南スーダンの発展のための環境構築支援などを目的として、国際連合南スーダン共和国ミッション（UNMISS）が設立された。

2011年11月15日、わが国は南スーダンPKOへの参加を閣議決定、12月20日、防衛大臣より施設部隊の派遣などに関する自衛隊行動命令が発出された。

これを受け、中央即応連隊（宇都宮駐屯地）を基幹に編成された派遣施設隊の第1次要員（約210人）や現地調整所要員は、2012年1月より順次、南スーダンに展開し、首都のジュバ空港に隣接する国連施設内において宿営地を設営しつつ、ジュベル川給水点までの道路整備を開始した。

施設部隊および現地支援調整所要員として2012年1月から2017年5月まで第1次から第11次要員（最大401人）として延べ3912人を順次派遣するとともに、司令部要員として各4人、延べ31人を派遣した。

施設部隊は約6か月ごとに交代しながら、UNMISSの要請に基づく道路や施設の補修整備、施設用地の造成、避難民キャンプのトイレ設置などを実施するとともに、ODAやNGOなどと連携を図った。このうち、道路補修は総延長260キロメートルに達した。

わが国は、2017年3月、首都ジュバの治安改善などを任務とする新たなPKO部隊（地域保護部隊）の展開が開始されるなど南スーダンの安定に向けた取り組みが進みつつあること、そして、施設部隊はこれまでのわが国のPKO活動の中で最大規模の実績を積み重ね、その活動について一定の区切りをつけることができること、さらには、南スーダン政府による自立の動きをサポートする方向に支援の重点を移すことが適当と判断し、同年5月末を目途に施設部隊を撤収することとした。要員は順次帰国して、2017年5月30日、本任務を終了した。

トルコ共和国地震国際緊急援助活動

海自初の自衛艦による仮設住宅輸送

トルコ共和国派遣海上輸送部隊指揮官（当時）小森谷義男

25日間、1万7千海里の大航海

1999年8月17日、トルコ共和国北西部で発生したM7・4の地震は、死者約1万7千人、負傷者約4万3千人を出し、60万人を超える人々が住居を失うなどの大被害をもたらしました。

日本政府は、トルコへの「国際緊急援助」を行なうにあたり、被災者への支援の一つとして、阪神・淡路大震災で使用し、保管していた仮設住宅500戸を厳しい冬が来る前に被災地へ届けることを決定し、この輸送に海上自衛隊の艦艇を充てることになりました。

そして9月10日、掃海母艦「ぶんご」、補給艦「ときわ」、輸送艦「おおすみ」の3隻をもって「トルコ共和国派遣海上輸送部隊」が編成され、当時、第1掃海隊群司令を務めていた私が指揮官を拝命しました。海上自衛隊にとっては初めての「国際緊急援助活動」の実施となりました。

9月17日、仮設住宅のトルコ共和国への海上輸送の命令が出され、艦艇をコンテナ積載場所の神戸に回航、積載作業を終え、台風18号の北上接近にともない、当初の出港予定日だった9月24日を前倒しして23日（秋分の日）に神戸を出港しました。台風によるうねりの影響で動揺が最大左右に20度にもなるほど荒れる太平洋を南下しました。この揺れる各艦の上甲板に積載されたコンテナがしっかりと固定されていることを確認しながら航海を続けました。

台風の余波の残るバシー海峡を抜け、平穏な南シナ海を通過。夜明けとともにシンガポール水道に入り、大小さまざまな船舶が輻湊（ふくそう）するマラッカ海峡を日没までに抜け、インド洋に出ました。

インド洋は風も弱く静かでしたが、しとしとと雨が降り続き、まったく陽が差さない気の滅入る8日間の航海でした。アラビア海からさらにアデン湾を西航すると、雲が途切れ、西陽に照らされたアフリカ大陸と沈みゆく雄大な夕陽を見て、乗員一同再び元気を取り戻しました。アフリカ大陸とアラビア半島に囲まれたエルマンデブ海峡は気温35度、海水温度30度を超え、灼熱の太陽の下、同海峡を通過し、紅海を北上しました。

緯度が上がるとともに急速に涼しくなり、遠くには赤茶けた山々が見える紅海を、同じくスエズに向かう大型船が20ノット以上の高速で並走していました。

神戸を発ってから21日目の10月14日にスエズ港外の待機錨地に着き、翌早朝「ぶんご」は、21隻からなる北航船団の先頭となり、狭い入口からスエズ運河に進入しました。2番目に「ときわ」、3番目に「おおすみ」、その後ろを商船団が続き、単縦列で航行し、約10時間半をかけてポートサイドに出ました。

補給艦「ときわ」(右)から輸送艦「おおすみ」に洋上給油。両艦とも上甲板には積荷のコンテナが満載されている。

長い忍耐を強いられながらのスエズ運河航行の後、夕日に染まる地中海を見た時の感激は忘れられず、今なお胸に熱いものが込み上げてきます。

10月16日、補給のためアレキサンドリアに入港。翌日午後にはアレキサンドリアを出港し、最終目的地のイスタンブールに向け、北風が吹きつける灰色の海と空のもと、地中海、エーゲ海を順調に北上。18日午前9時頃、チャナカレ海峡(ダータネルス海峡)の入り口に到着しました。海峡入り口でトルコ海軍のホストシップ、フリゲート「サーリヒレイス」の熱烈な出迎えと空軍機による歓迎飛行を受け、水先案内人と連絡幹部が乗艦してきました。「これでようやくトルコ共和国に到着できる」との実感が湧いてきました。

夜間にマルマラ海で時間調整して、10月19日、薄明の静けさのなか、イスタンブールの港外に到着しました。東側にアジアの丘にかかった雲間から太陽が遠慮がちに顔を出し、西側にライトアップされた宮殿と城壁、モスクとその尖塔、そして陽が昇るとともに色を変えていくイスタンブールの市街を見ながら指定の埠頭に向かいました。

神戸出港してから26日目、ここまで往路の航程は8930海里（1万6074キロメートル）、積荷を1日でも早く被災地に届けるため、途中、寄港はアレクサンドリアでの1泊のみであり、しかも航海の大部分は、最高速力が22ノット（時速約40キロメートル）程度の掃海母艦や輸送艦では高速の18ノット（時速約33キロメートル）での連続航行だったので緊張を強いられてきました。トルコ共和国政府高官・関係者、海軍、報道関係者、それに多くの小・中学生が熱烈な歓迎と笑顔で迎えてくれるなか、イスタンブール（ハイデルパシャ）に到着しました。

イスタンブールに投錨

ハイデルパシャの埠頭はイスタンブール市街の対岸、アジア側に位置します。震災後、トルコで利用できる唯一の港湾施設であり、各艦の横付けが終わるとすみやかにコンテナの陸揚げ作業にかかりました。「ときわ」「ぶんご」「おおすみ」の順に夜を徹して作業を行ない、20日の午後にはすべて陸揚げを完了しました。

当初は陸揚げには3日間かかると見積もっていたところ、日本側とトルコ側の双方の協力もあって、作業は手際よく進み、「ときわ」は19日のうちにドルマバフチェ宮殿沖に転錨、「ぶんご」「おおすみ」も20日のうちに錨泊地に着くことができました。

ハイデルパシャの埠頭に接岸中の掃海母艦「ぶんご」と歓迎・公開行事に訪れた地元の子供たち。

3艦は旧市街の目の前に南北に並ぶように錨を入れましたが、「日本から仮設住宅を運んできた3艦ここにあり」と、われわれの存在を示すため、昼間は自衛艦旗をはためかせ、夜間は電灯艦飾で市民の目を楽しませました。なお、陸揚げされた仮設住宅は直ちに建設予定地に運ばれました。

イスタンブールには4泊し、現地関係機関への表敬、各艦の機関・設備の保守点検整備、トルコ海軍高官との昼食会、艦上パーティー、そして市内史跡の訪問などで忙しく過ごしました。

〝軍艦旗〟を掲げた目に見える国際貢献

10月23日午前7時、日の出とともに錨地を離れ、帰路に就きました。2日前から悪天候でしたが、港内に投錨していたため楽に出港できました。

復路の途中、トルコ海軍、アメリカ海軍およびフランス海軍から親善訓練を申し込まれ、地中海と紅海において、それぞれの艦艇とともに陣形運動、通信訓練などを実施しました。復路も順調な航海でしたが、最後に休養のため寄港したシンガポールを出港して南シナ海を航行時、中国大陸からの低気圧による荒天に遭遇し、帰国が1日遅れてしまいました。

こうして11月22日、各艦はそれぞれの定係港（呉・横須賀）に帰着しました。行動期間は61日、総航程1万7333海里（3万1194キロメートル）でした。

どこの国でも軍艦旗を掲げた海軍艦艇は、外国を訪問・寄港すれば、在外公館などへの儀礼（プロトコール）、海軍同士の交流、市民への艦艇公開などをとおして、訪問国との親善友好に努めます。自衛艦旗を掲げ、はるばるトルコの被災地に救援物資を運んだことは、トルコ国民のみならず世界の人々に日本の国際貢献を目に見えるかたちで示すことができたと思います。

61日間のうち、洋上にあった51日間、海と空を見つめながら航路の平穏と機関の安定、そして隊員の健康を祈るばかりでした。隊員は延々と続く航海当直勤務、連続高速航行、横付け中の諸作業、入港時の諸行事にともなう作業などに臨機応変に対応し、よく動いてくれました。

約1万7000海里の大航海をなして任務を無事完遂できたのは、関係機関・組織の絶大なる支援と国民の声援に支えられた426人の隊員の使命感と忍耐力の成果であったと確信しています。

インドネシア国際緊急援助活動

陸自と救援物資の輸送を完璧にこなす

インドネシア国際緊急援助海上派遣部隊指揮官（当時）佐々木孝宣

帰投中の部隊を急遽派遣

２００４年12月26日、スマトラ沖地震にともなう大津波により、インド洋沿岸諸国が甚大な被害を受けました。

海上自衛隊は、「テロ特措法」に基づくインド洋派遣任務を終え、日本に帰投中の艦艇３隻を急遽タイのプーケット沖に派遣し、生存者の捜索救助を行ないました。残念ながら、生存者は発見できず、五十数体の遺体を収容しましたが、この日本および海上自衛隊の迅速な行動は、タイ王国を含む周辺諸国から高く評価されました。

その後、わが国は津波の被害が最も甚大であったインドネシア共和国スマトラ島北部バンダアチェ周辺に同国の要請に基づき、陸海空自衛隊の部隊で構成する「国際緊急援助隊」を派遣することになりました。陸上自衛隊は医療・航空援助隊（人員約220人、CH‐47輸送ヘリコプター3機、UH‐60多用途ヘリコプター2機など）を派遣し、空自は緊急援助空輸隊（人員約80人）のC‐130H輸送機により、タイのウタパオ、バンダアチェ間の物資の輸送を担当することになりました。

本格的な緊急援助活動の開始

海自は当初、陸自部隊の人員、装備などの海上輸送のため、「インドネシア国際緊急援助海上派遣部隊」を編成し、当時、第4護衛隊群司令であった私がこの指揮官に任命されました。

海上派遣部隊は、呉を母港とする輸送艦「くにさき」（第1輸送隊）、横須賀を母港とする補給艦「ときわ」（護衛艦隊直轄）、佐世保を母港とする護衛艦「くらま」（第2護衛隊群）の3隻で編成されましたが、これらの3隻はいずれも第4護衛隊群隷下の艦艇ではありません。

海上自衛隊では同一の指揮下にない部隊や艦艇でも日常的に協同訓練や集合訓練を実施し、また部隊間の交流を図り相互理解を増進するように心がけていますので、派遣部隊指揮官を命じられた時も特に不安はありませんでした。

部隊は、陸自部隊の資機材などを積載した後、2005年1月12日、「くにさき」「ときわ」の2隻は横須賀を、同14日、「くらま」は佐世保を出港、同16日、沖縄の南西海域で3隻が合流、陸自本隊の乗艦港であるシンガポールに向かいました。

1月21日、シンガポールに入港。翌22日、陸自本隊約200人を乗艦させて出港、目的地のスマトラ島バンダアチェ沖に向かいました。同24日、バンダアチェ沖に到着、ただちに「くらま」搭載の哨戒ヘリコプターによって状況偵察をしたところ、災害発生後約1か月が経過しているにもかかわらず、バンダアチェ周辺の海岸線および市街地は津波の被害により壊滅的な状況でした。

この状況の下、バンダアチェ空港周辺では国連機関や各国が派遣した軍隊の医療チームなどが多数活動中であり、今回の救助活動に国連を含む多くの国や地域が参加していることが実感できました。また、現場海域にはアメリカ海軍の空母機動部隊やフランス海軍の巡洋艦、オーストラリア海軍、ドイツ海軍の補給艦など多くの艦艇が活動しているのを確認できました。

私も現地到着後、ただちにアメリカ海軍の空母任務群指揮官（少将）を表敬訪問し、情報交換などにあたるととも

被災住民が待つ避難所に救援物資を空輸した海自のSH-60J哨戒ヘリコプター。

LCACからバンダアチェの海岸に上陸する陸自車両。LCACの積載能力は約50トン、大型トラックならば4両程度を載せることができる。

に、フランス海軍の指揮官（中将）を同様に表敬し、意見交換などをしました。フランス海軍の指揮官は返礼に「くらま」を訪れ、給養員（艦内の食事の調理を担当）が心をこめて作った海自伝統のカレーライスを堪能して帰艦しました。

このようにスマトラ沖の援助活動でも海軍同士の交流は活発に行なわれ、常日頃感じている「海軍は一つ」との意識をさらに強くした次第です。

救援物資の輸送が新たな任務に加わる

数日後、現地での救援活動の推移から海自部隊に対して、新たに「救援物資の輸送」が任務に加わりました。特に津波により壊滅的な被害を受けた幹線道路復旧のためのブルドーザーやショベルなどの土木建設機械や資材の海上輸送はインドネシア海軍にその能力がなく、海自にすべて依頼されました。

この任務を「くにさき」および同艦が搭載するエアクッション艇（ホバークラフト）のＬＣＡＣが行ない、バンダアチェから復旧作業の現場まで海上輸送しました。「くにさき」とＬＣＡＣは期待どおり完璧にこの任務を実施しました。

「統合運用」の先駆けとして

さて、この自衛隊による「国際緊急援助活動」は、陸海空自衛隊がそれぞれの部隊を派遣し、統合幕僚監部が現地におけるインドネシア国軍などとの調整窓口業務を担当するなど、三自衛隊が同一任務をおのおの特性を活かし、きわめて効率的に実施しました。

これは2005年度末以降、その制度が整備された「統合運用」の先駆けともいえる活動であり、当初は「統合部隊」を編成して活動にあたるべきとの意見もあったようですが、結果的には、空自は幹線輸送を担当し、現地バンダアチェ周辺では陸自と海自および統合調整にあたる統幕が協同し、相互に補完しつつ、援助活動はスムーズに進行しました。

3月9日、現地でのすべての活動を終了し、部隊は津波の犠牲者に対する洋上慰霊祭を執り行なった後、翌10日に現地を発ち、11日にシンガポール入港、陸自部隊の退艦を見送りました。そして22日および23日に各艦はそれぞれ母港に帰着しました。帰国後、陸海空の派遣部隊に対して防衛庁長官から第1級賞状が授与されました。

パキスタン大地震国際緊急援助活動

救援物資とともに真心も届ける

パキスタン・イスラム共和国国際緊急航空援助隊長（当時）堀井克哉

今まで以上に迅速な派遣

２００５年10月８日、パキスタンの北東部とインド北部にまたがるカシミール地方でＭ７・６の地震が発生、パキスタン、インド両国で７万人以上の死者を出す大きな被害をもたらしました。この「パキスタン大地震」の直後、日本政府はパキスタン政府の要請により、国際緊急援助隊の派遣を決定、同月11日、防衛庁長官より自衛隊に派遣準備の指示が発せられました。

当時、私は陸上自衛隊第５後方支援隊（帯広駐屯地）の隊長として勤務しており、ちょうど休日だった10月10日の午後に、部下から電話で「国際緊急援助隊として派遣される可能性がある」という連絡を受け、その約３時間後には帯広を発ち、翌々日の12日、先遣隊20人の一員としてパキスタンに向け出発しました。

これまでの自衛隊の国際緊急援助隊は、派遣命令の発出から数日程度で準備を整え出発となるので、派遣される本人、家族も準備のための時間がありましたが、この時はその余裕がほとんどない状況でした。

13日にイスラマバードに到着、早速、情報収集と本隊の受け入れ準備と必要な調整を開始しました。そして1日半遅れて14日に本隊が到着しました。その結果、直接、アフガニスタンから大型ヘリコプターで移動してきたアメリカ軍部隊に次いで、自衛隊は二番目に現地での活動を開始することになりました。

救援物資が宅配便のように届く

パキスタン大地震での国際緊急援助活動は、同国のムシャラフ大統領が国際社会への要望として、ヘリコプター輸送のニーズについて言及があったことから、陸自の多用途ヘリコプター（UH－1）を航空自衛隊の輸送機（C－130H）で空輸し、被災地において救援物資などの輸送を行なうというものでした。

救援物資輸送はパキスタン陸軍が被災地の所要を把握して、その所要に基づき各国のヘリが分担して実施しましたが、災害発生からしばらくの間は、パキスタン陸軍も被災していたことから、被災地

パキスタン軍と協力して、UH-1ヘリコプターから救援物資のテントを降ろす派遣隊員たち。

の状況や必要な救援物資の所要を十分に把握できず、現地入りして活動の準備を整えつつあった各国の部隊に的確な情報や要請がなかなか伝えられないため、焦慮することもありました。

われわれはパキスタン当局や他国部隊、関係組織などと調整し、活動する地域をいくつかの候補地の中からバタグラムに決めて、10月17日から救援物資の輸送を開始しました。バタグラムはパキスタン北部の山岳地帯にある町で、イスラマバードからガードレールもない未舗装の険しい山道を含む陸路を自動車で約5時間かかる距離にありますが、ヘリコプターならば約1時間で到達できます。

必要な支援を効率よく実施するために、バタグラムに毎日、要員を派遣して、独自に現地の状況とニーズを把握しました。ＵＨ－１多用途ヘリコプターは、1機あたりの物資の搭載量は少ないのですが、ＵＨ－１を2機編隊で1日3往復、毎日決まった時間に運行しました。そして空輸する支援物資をニーズの高い毛布やテントに絞るとともに、現地の要望に基づき適時、負傷者や被災者の後送も行ないました。さらに、ＩＯＭ（国際移住機関）やＪＩＣＡ

（国際協力機構）と連携することにより、効果的に物資が配布できるように調整し、イスラマバードにある救援物資の集積場から、必要な物が必要な場所に宅配便のように届くようになりました。

われわれは、山岳地域のバタグラムに雪が降るまでに毛布やテントを運び終えることを目標にして、大きく4か所に分かれていたそれぞれの持ち場で全力を尽くしました。救援物資を提供した世界の人々の真心もいっしょに被災者に届けたいという気持ちでした。

被災者と同じ目線に立つことが重要

10月25日からは追加派遣された3機のUH‐1と要員により、計6機態勢となり輸送力が増強されました。この活動ではUH‐1を使用したため、大型輸送ヘリコプターを使用していた他国部隊に比べ、物資の輸送量は決して多くはなかったのですが、救援活動で重要なことは、運んだ荷物の量だけでないことを強く感じました（11月24日までの活動期間中の輸送量は医薬品やテントなど救援物資約41トン、被災者や患者など720人）。

イスラマバードのヘリポートで活動中に、ムシャラフ大統領（当時）の突然の訪問を受け、大統領から直接、自衛隊の救援活動に対し丁重な感謝の言葉をいただきました。

また撤収前に、バタグラムに展開するパキスタン陸軍部隊を訪問した時、ここの大隊長からは「日本のヘリだけは、毎日一日も休まずに飛んで来てくれて、希望と勇気を与えてくれた。本当にありが

11月12日、活動中の隊員たちを激励したムシャラフ大統領（当時）。

とう」と感謝されました。さらに、われわれが宿泊していたホテルのスタッフからは「日本人は私服で出歩くことはなく、つねに戦闘服で行動し、とても規律正しい」と言われ、また、別のパキスタン陸軍の幹部からは「日本の救援活動はたいへん献身的である」とも言われました。

11月14日、被災地で寸断されていた道路が復旧し、現地のニーズも満たされつつあったことから活動終結命令が発出され、派遣部隊は12月2日までに帰国しました。

今、この派遣のことを振り返ると、救援活動において重要なことは、任務に携わった一人ひとりが被災した方々に想いを寄せ、被災者と同じ目線に立つとともに、特に海外での活動では現地の文化や生活習慣を理解しながら、日本と派遣先国との〝架け橋〟であるとの気持ちをもって任務あたることだと思います。

ハイチ国際平和協力業務（その1）

他国のモデルになった日本隊

ハイチ派遣国際救援隊長（当時）山本雅治

中央即応連隊ならではの迅速な派遣

２０１０年１月13日（日本時間）、中米カリブ海のハイチ共和国の首都ポルトープランスの郊外を震源とするＭ７・０の大地震が発生し、約20万人以上の死者、約25万人の負傷者を出しました。当初は医療援助を主体とした第13旅団基幹の国際緊急援助隊（約１３０人）が派遣され、１月23日から２月13日まで活動しました。

国際緊急援助隊の派遣とほぼ並行して、国連は各国にＰＫＯ派遣を要請、「国連ハイチ安定化ミッション（ＭＩＮＵＳＴＡＨ）」（２０００年以来、悪化したハイチの情勢・治安の回復・安定化のために２００４年設立）への参加が閣議決定され、日本は施設部隊を派遣することになりました。

そして「国外任務における先遣隊」の任務が与えられている中央即応連隊（宇都宮駐屯地）を基幹とする約２００人が、ハイチ派遣国際救援隊の第１次隊として編成されました。国連の要請からわずか約２週間、２月６日に第１次隊は市ケ谷の防衛省において編成完結、防衛大臣から隊旗を授与され、同日、ハイチに向けて出発しました。

自然災害にともなうかたちでのＰＫＯ派遣は初めてで、これまではＰＫＯといえば、半年近くかけて訓練・準備した後に派遣されるというのが通例でしたが、中央即応連隊は平素から待機態勢を維持しつつ、補給処などの兵站組織を交えて訓練を重ねていたため、このような迅速な派遣が可能となったのでした。

厳しい環境下で二正面作戦を開始

第１次隊は航空自衛隊のＣ‐１３０Ｈ輸送機の支援により、米国フロリダ州マイアミから約１週間で全員がハイチへの移動を完了しました。第１次隊の任務は「活動基盤となる宿営地を造成し、第２次隊の受け入れ態勢を整備すること」と「できうる限りの現地での復興支援活動を実施すること」の二正面作戦でした。現地では地震災害により、ＭＩＮＵＳＴＡＨの軍事部門司令部を含む組織自体も被災し、１００人以上の要員が亡くなっており、われわれも現地入りした直後は調整先の確認にも困難をきわめました。

まさに遭遇戦のような様相となりましたが、ＭＩＮＵＳＴＡＨ軍事部門司令部要員などの努力により、約1週間後には復興支援活動を開始できる状況にこぎつけました。活動地域は当初、国際緊急援助隊が展開中だった西部のレオガンに予定されていましたが、調整の結果、最も被害の大きかったポルトープランスで活動することが決定されました。

この当初の1週間は、兵站物資の到着を待つ状態であったため、隊員たちは寝るのも地べたで、温かい食事もシャワーもなく、気温40度の環境で、汗まみれになりながら準備作業にあたりました。被災地の混乱した状況下、宿営地の周辺では毎晩、銃声が響き渡り、隊員たちには「ここは戦場である。油断するな！」と繰り返し言い続けました。

われわれ第1次隊は活動開始から約1か月半後の3月中旬に第2次隊に業務を引き継ぎました。第2次隊以降、約３５０人編成に増強された日本隊は、ＭＩＮＵＳＴＡＨの中では最も規模の大きい施設部隊として現地の復旧・復興支援に多大な貢献をしました。２０１２年12月の第7次隊の撤収まで約3年間、延べ約２２００人が派遣され、年間を通じて高温の気候でマラ

航空自衛隊のC-130H輸送機でポルトープランス空港に到着した先遣隊。

リアや風土病の危険性も高い環境下、隊員たちは各人の役割を果たして任務を完遂しました。

心強い家族支援

一般的に海外派遣というと、隊員は参加を希望しても、その家族が心配するというのが実状です。それゆえ、中央即応連隊は新編された時から、隊員と家族に対して部隊の任務や態勢を説明するとともに、心のケアについても特別な配慮をしました。

特に家族に対しては、中央即応集団（当時）の心理学分野の知見を有する幹部の協力を得て、面談などを通して、理解と不安の解消に努めてきました。その結果、ジブチへの派遣（海賊対処行動支援隊）、ハイチへのPKO派遣と続いても、家族の方々からは大きな不安や心配が寄せられることなく、むしろ力強く後押しをしていただきました。家族の理解と声援ほど隊員にとって心強いことはありません。

今後、自衛隊の海外活動が常態化していくなかで、全国の自衛隊家族会が留守家族の支援の一助と

油圧ショベルによる瓦礫の撤去作業。活動終了にともない自衛隊が使用していた土木建設機械などはハイチ政府に譲渡された。

なる事業を推進していただくことは、われわれ自衛官にとってたいへんありがたいことです。

日本の素晴らしさを実感

海外派遣に従事した隊員が必ず感じるのは、日本そして日本人の素晴らしさです。ハイチで活動したわれわれも同様でした。

MINUSTAHには世界から47か国の部隊が参加しており、軍事部門のフォースコマンダー（司令官）はブラジル陸軍のグラート少将でした。少将は日本隊の宿営地を視察後、各国の指揮官に対し、「日本隊の宿営地を見に行け！」とすぐに指示しました。各国の指揮官は更地から整備したわれわれの宿営地を訪れ、驚きと称賛の声を上げたのでした。

じつは、派遣前に中央即応集団司令官・宮島俊信陸将（当時）から命じられたことは、「天幕の設置、車両の駐車位置は1センチも違わず行なうべし」との1点のみでした。まさに先人・先輩から受け継がれた自衛隊の躾（しつけ）、文化です。これだけで自衛隊の規律正しさ、日本人の真摯な仕事ぶりを体現することになっていたのです。

併せて、われわれの活動は現地の部隊だけではなく、国内で支援している仲間たちの力が結集されて成り立っており、それらの一つひとつが積み重なって抑止力につながっていることも実感しました。将来、自衛隊に対してより厳しい任務が与えられるかもしれませんが、われわれは祖国のため命をかけて任務を必遂すべく、日本人の誇りをもって日々訓練に邁進するのみです。

ハイチ国際平和協力業務の概要

２０１０年1月に発生した大地震によりハイチは大きな被害を受けたことから、国連安保理は、緊急の復旧、復興および安定化に向けた努力を支援するため、同国に展開している国連ハイチ安定化ミッション（ＭＩＮＵＳＴＡＨ）の要員を増員（軍事要員２０００人および警察要員１５００人）する決議第１９０８号を全会一致で採択した。これを受けた国連からの要請に対し、わが国は、同年2月5日の閣議において「ハイチ国際平和協力業務実施計画」を決定し、ＭＩＮＵＳＴＡＨに陸上自衛隊の施設部隊を派遣することとした。

これを受けて、２０１０年2月から１３年1月まで、第１次要員から第7次要員および撤収支援要員まで最大３５０人、延べ２１８４人の施設部隊を派遣した。施設部隊は、ハイチ地震の被害が最も大きかったポルトープランスを中心に、地震により発生した大量のがれきの除去、国内避難民キャンプの造成および補修作業、ドミニカ共和国との国境へ通じる道路の補修作業、市内道路や倒壊した行政庁舎のがれきの除去、孤児院宿舎の建設などを行なった。

ハイチ国際平和協力業務（その2）

ハイチの未来のために日本隊が残したもの

ハイチ派遣国際救援隊（第7次要員）隊長（当時）菅野隆

整斉と完了した撤収業務

「ハイチ安定化ミッション（MINUSTAH）」に派遣された、我々「ハイチ派遣国際救援隊」第7次隊の要員は、2012年7月23日以降出国、8月18日に第6次隊（隊長野村悟1佐〔当時〕、現陸上総隊日米共同部長、陸将補）からの指揮転移を受けて活動を開始しました。第7次隊は、首都ポルトープランスの国連キャンプの一つ「キャンプC（チャーリー）」の一角を占める日本隊宿営地を活動拠点として引き継ぎ、前半の約2か月はそれまでと同様に、地震による被害復旧や道路や施設などの補修などの活動を主体に実施しました。

（7月17日の閣議決定を受けて）10月18日に「撤収支援隊」を指揮下に置き、撤収に向けた活動のステージに移行しました。その後、撤収までの間、人材育成事業2件を加え、24件の復旧・補修整備活動とともに、在ハイチ日本大使の主催する初の装備品などの譲与式の支援、さらに現地政府の高官などを招いての国際平和協力法施行20周年記念セレモニーを含む3件の関連行事を実施しました。なお、11月22日には日本隊宿営地において、ヨルダン歩兵大隊と合同のメダルパレード（MINUSTAHのミッションエリアで90日間勤務した各国の参加部隊隊員に対し、国連事務総長特別代表から活動を顕彰する行事）が催され、日本隊全員に国連メダルが授与されました。

12月25日に日本隊宿営地をブラジル隊に引き継ぎ、キャンプCを完全撤収した後、ポルトープランス空港において、ドミニカ共和国に活動の場を移して後送業務を実施する撤収支援隊改め第8次隊（隊長神成健一1佐〔当時〕）に指揮を転移し、ハイチを出国、12月27日に無事帰還しました。

ハリケーン被害による撤収計画の変更

撤収にあたり、現地に展開した装備品などを日本に後送するには、わが国の検疫を通過しなければなりませんが、ハイチ国内ではこれらを洗浄するための水や一時保管用の倉庫を十分確保することが困難でした。

そのため、それらの処置が可能な隣国、ドミニカ共和国にいったん輸送する必要がありました。当初は総距離約400キロメートルの陸路での国境越えを準備していましたが、10月26日に発生したハリケーン「サンディ」により、使用予定だったハイチとドミニカをまたぎ、エスパニョーラ島を東西に横断する幹線道路のハイチ側の2か所が通行不能となり、輸送経路を急遽、海路に変更せざるをえない事態となりました。

視察のためハイチを訪問中の中央即応集団司令官・日髙政広陸将（当時）が直接現地を確認し、速やかに決心いただけたことは、活動期間が限られるなか、適時に計画を変更するうえでとても幸運でした。結果的に見ても、この変更によって、ハリケーンの影響のみならず、その後予想された現地特有のさまざまな不安要因が活動に与える影響を最小限に抑えることができたと思います。

初の装備品譲渡と技術教育

日本隊は、撤収にあたり自衛隊の装備品4両を含む土木建設機械（油圧ショベル、ドーザーなど）14両、および日本隊宿営地で使用していた野外エックス線装置（医療用エックス線撮影機材）をハイチ共和国政府などへ譲渡することになり、宿営地で実施した譲与式に立ち合いました。

特に装備品4両の譲渡については、武器輸出3原則に関して「平和貢献・国際協力をともなう案件は、防衛装備品の海外転移を可能とする」との2011年の基準緩和にともなう、初の取り組みでした。併せて、日本隊は宿営地のコンテナおよび付帯設備一式もMINUSTAHに引き渡しました。

ハイチの人々に対する譲渡物品の操作技術の教育については、活動の早い時期からその必要性が認識されていたことから、第4次隊（隊長足立寧達1佐〔当時〕、現教育訓練研究本部研究員）以降、これを逐次開始し（第0期）、第6次隊においては教育修了者に対して公的免許を付与する枠組みを整備していました（第1期～第3期）。

第7次隊においては、IOM（国際移住機関）の協力を得て教育対象を拡大して公共性を確保するとともに、教育終了後に雇用主になると考えられていた政府機関の関係者に練度を披露する「就職援護」を実施し（第4期）、その後、整備技術教育も実施しました（第5期）。

これにより、ハード（譲渡物品）のみならず、ソフト（操作技術、整備技術）を含めた移転が可能となりました（45人の修了者、37人の公的免許取得を達成）。この人材育成支援は、現場隊員の技術と能力の高さに支えられて実現した事業でした。

人材育成支援の普及

当時、MINUSTAHは参加各国の部隊や組織をもってハイチの文民警察や海上警察の育成に取り組んでいましたが、順調には進んでいない様子でした。

そこで、日本隊としてハイチ国民を対象として成果を上げつつあった人材育成支援、なかんずく現地の人々との関係構築と教育要領をMINUSTAH軍事部門隷下の各国指揮官に紹介することをグラート司令官（ブラジル陸軍少将）に提案し、実施する運びとなりました。

この施策の普及終了後、司令官代理で来隊したゲレロ副司令官（アルゼンチン陸軍准将）から、「日本隊は年内に撤収するが、素晴らしい復旧活動の成果に加え、この国の未来のために大変重要なものを残してくれた。それは教育だ」との印象的、かつ過分な総括コメントをいただきました。

この特別なイベントの調整・実施には、日頃からの第7次要員のスタッフの努力に加え、それまでの要員が地道に積み上げた日本隊に対する信頼が不可欠であったと思っています。

各国派遣部隊との交流を通じて

ＭＩＮＵＳＴＡＨ軍事部門司令部の主要ポストの多くは、ラテンアメリカの文民や軍人により占められ、また、隷下部隊の多くはラテンアメリカの国々から派遣されていました。

ここでわが国とラテンアメリカとの関係をひも解きます。明治維新以降、とりわけ日露戦争以降、国家財政の悪化に影響を受け、わが国では海外に活路を見い出そうとした地方の人々がいました。この人々が目指すところとマッチングした受け皿が、時代の流れから植民地制度を廃止し、代替の労働力を求めていたラテンアメリカ諸国でした。入植した先人たちは、気候風土が異なる遠い異国の地で、厳しい労働条件の下、想像を絶するような苦労をして生き抜き、その結果、日本人、日系人の地位を確立したといわれています。

ハイチで活動中、ラテンアメリカのいくつかの派遣部隊が催した独立記念日の行事の参加者は、私

インドネシア派遣部隊の隊員たちとの交流行事でのひとコマ。

以外、ほとんどがラテンアメリカ諸国の派遣部隊の指揮官たちで、スペイン語での意思疎通には支障があったものの、彼らは私に対し、古くからの友人のようにとても親切に接してくれました。そして何よりも、そのような場に特別に日本隊が招待されたことは、先人の方々のご努力の賜物に違いなく、光栄で身が引き締まる思いでした。

また、東南アジアや南アジアにおいては、戦前・戦中を通じて、当時の日本あるいは日本人が、宗主国からの独立、あるいは国内の独立機運の醸成に大きく寄与したと評価されているケースがあります。先人同胞の中には、戦後も現地に残留して支援し、その功績から英雄として名前を刻まれた方も存在すると聞いたこともあります。

東南アジアの某国派遣隊の行事においては、デモンストレーションで日本語の号令の下、空手道が展示・紹介されていました。また懇親会では、多くの兵士から日本語で挨拶をされたり、「隊長、一緒に写真を撮って下さい」との嬉しいリクエストがあるなど、たいへん驚かされたこともありました。

紙幅の都合上、紹介は一部に留めますが、活動中に経験したこの種のエピソードはきわめて印象深く、私自身にとっても日本人として大切な思い出です。

これらの国々の指揮官に多く共通していたのは、日本との関わりの歴史に関して、驚くほど多くの知識を持っていたことです。戦後のこれらの国々に対するわが国の経済的・技術的協力や貢献に加え、先人同胞の方々のご努力や当該国におけるご貢献がそれぞれの国で肯定的に評価されていることが、ハイチ派遣の現場で活動を容易にする雰囲気を醸成していた理由のひとつであったと思っています。

ふたりの日本人

ここで、ハイチでの活動中出会った2人の日本人を紹介します。

その1人、シスターの須藤昭子氏は40年来、ハイチの保健・衛生のために尽力されてきた「ハイチのマザーテレサ」とも呼ばれる90歳近い医師であり、修道女です。現地の結核医療の改善に長年取り組んでこられました。そして半生をかけた善意によるお仕事のゴールが見えかけた矢先、ハイチ地震が発生、彼女が育ててきたレオガンにあるシグノ結核療養所も甚大な被害を受けました。

私が初めて療養所を訪問したのは、第7次隊への指揮転移から54日後の10月11日でした。療養所敷地内には、わが国のＯＤＡによる新病棟の建設が始まっており、また日本の支援によって、次の世代

シンガーソングライターの内田あや氏とシスターの須藤昭子氏。

を担う医療スタッフを育成するなど、再建に向けての取り組みが動き始めていました。それ以降、第7次要員も前任の要員と同様に療養所内の軽易な修理や整備など、任務の合間を見つけ、可能なお手伝いをさせていただきました。

この気高く尊い姿に触れ、心洗われ、誇りに思い、日本人として彼女の善行に少しでも寄与したいとの思いは、派遣部隊歴代隊長、そして隊員に共通したものであったにちがいありません。シスター須藤の長年のご努力とその確かな足跡に対し、衷心より敬意を表するものです。

そして、もう1人はハイチの日本隊に対し、2年にわたりボランティアで激励活動をされていたシンガーソングライターの内田あや氏です。第7次隊活動期間においては、彼女のプロモーターであり、共演者でもあるアメリカ在住のギタリスト・実業家の山中条氏とその奥様とともに、11月25日に遠路はるばると宿営地を訪問、ライブを開催していただいたのはこの上ないプレゼントでした。

現地の第一線で活動中の隊員は、緊張状態を強いられる場面も多く、一方で第一線の活動を支える基盤的業務にあたる隊員の仕事はたいへん地道なものです。しかしながら、エネルギー溢れ、かつ多感な若い隊員たちが、現地において任務外の時間を過ごすのは、日本隊宿営地の限定的な空間が基本。よって、心身の癒しはきわめて限られており、私たちは彼女たち同胞の温かい気持ちと歌のプレゼントに深く感謝せずにはいられませんでした。そして強く心に刻みながら、祖国に想いを馳せつつ任務完遂と無事帰還の決意を新たにしたのでした。

日本の代表として誇り高く堂々と

自衛隊の国際平和協力活動は、湾岸戦争後にさかのぼります。その後、２００６年に本来任務化、我々第7次隊派遣の２０１２年に「国際平和協力法」が施行されて25周年を迎えました。「イラク人道復興支援活動」を含めたこれまでの海外での各種ミッションを通じ、実績と成果を重ね、特にＰＫＯにおける施設部隊よる活動に関して言えば、最早「若葉マーク」はとれ、国際社会から一定の評価を得ています。

今後の国際任務は、わが国の当時の相対的な地位や役割に応じ、その質もステージもさらに変化していくものと予想されます。いずれにしても、派遣隊員は、その派遣が任務や時期に応じた歴史的、そして今日的意義を有していること、そして過去も含めた同胞の有形無形の想いや支え、努力の上にあること、さらに先人同様に日本人として将来に向けて責任を帯びていることを銘肝(めいかん)することが大切であると考えます。

派遣経験者として、これから派遣される隊員の皆さんが「国際平和協力活動に従事する隊員は『制服を着た外交官』である」ことを肝に銘じ、各国から派遣された部隊および隊員、そして現地の同胞と力を合わせながら、決して謙虚さを忘れることなく、現地の人々の目線に立ち、「日本（ひのもと）の代表として誇り高く堂々」と活動することを期待し、また確信しています。

ハイチ国際平和協力業務（その3）

派米訓練から緊急空輸の実任務へ転用

航空自衛隊ハイチ国際緊急援助空輸隊長（当時）武部誠

予感が的中した派遣決定

２０１０年1月5日から13日の間、アメリカ・アリゾナ州の「高等空輸戦技訓練センター」で輸送機の最新戦技を学ぶための訓練隊指揮官として、Ｃ‐１３０Ｈ輸送機とともに訓練に参加していました。

飛行訓練も残り1回となった1月12日（現地時間）、ハイチ共和国で大地震が発生しました。当地に伝えられるニュース報道もこの地震関連一色となり、「これは一大事だ」との思いと同時に、「もしかしたらこのまま…」との思いが頭をよぎりました。

その夜、予感は的中し、日本から「ハイチへ派遣となるかもしれない」という連絡を受けました。

「われわれがいちばん近くにいる。行かなければ」と思ったものの、訓練隊は年末に日本を出国し、明日には帰国の途に就くという段階でのさらなる任務付与に困惑する者がいても不思議ではありませんでした。翌朝、この件を訓練隊のメンバーに伝えたところ、全員が「ぜひ行きましょう」と言ってくれ、力強い後押しをもらったように感じました。

訓練は予定どおりに終了し、この間、陸軍の飛行場を間借りしていた都合上、訓練終了後はそこに留まれないため、14日、帰路の経由地であるアメリカ西海岸のトラビス基地に移動しました。この時点ではハイチへの運航は決定されておらず、当基地での待機を予期するよう全員に伝えました。

トラビス基地では、日本への帰路の飛行準備と並行して、ハイチに近い東海岸フロリダ州のホームステッド基地への飛行訓練を行ないました。幸いにもこの訓練には、アメリカ空軍要員（交換連絡幹部）が日本から同行していたため、運航に関する情報の収集などに大きな助けとなりました。

その晩、翌日の運航も未定のまま床に就いたところ、夜中の電話で「翌朝、東海岸への運航決定」を知らされました。「待機を予期せよ」と伝えた半日後の派遣決定でした。

さまざまな準備を分担して実施

ただちに全員に連絡し、車両の手配、宿泊費の支払い、航空機の準備、飛行計画書の提出など、慌ただしく出発準備を整え、カリフォルニア州トラビス空軍基地を離陸しました。約8時間後、15日の夜にフロリダ州ホームステッド空軍基地に着陸しました。

翌16日、早朝からハイチへの運航に必要な飛行情報の収集、輸送計画、整備器材の調整、車両手配等々、分担して準備を進めました。

ハイチで被災した民間人を乗せ、アメリカ本土の基地に到着したC-130H輸送機。

ハイチ共和国への最初の運航は、翌日の17日になることが決定されましたが、情報収集の結果、ハイチの首都、ポルトープランス空港への運航は一元的にアメリカ軍が管轄・統制しており、そこからスロット（予約）をとらなければ着陸できないということが判明しました。そのため、アメリカ軍担当部署に直接電話をしてスロットをとり、予定どおり、ＪＩＣＡ（国際協力機構）緊急医療チーム25人を無事にハイチへ送り届けることができました。

訓練終了後わずか2日間で、東海岸へ移動してハイチへの運航が実現できたのは、隊員一人ひとりが役割を認識し、それを果たした結果でした。

当初、ポルトープランス空港は、各国から支援輸送に駆けつけた外来機でごったがえし、着陸進入待ちの航空機が

「ＬＯＷ ＦＵＥＬ（燃料が少ない）」を訴える罵声などが飛び交う状況で、航空管制は錯綜していました。上空の混雑は日が経つにつれ解消されてきたものの、駐機場の混雑は続き、駐機中の航空機の翼のすれすれをトラックや人が行き交うような状態でした。

23日に陸上自衛隊の緊急医療援助隊の輸送が決定されましたが、混雑のためスロットがとれませんでした。幸いこの頃には、ホームステッド基地とハイチに統合連絡調整所が開設され、各種の情報入手や確認、調整などの運航に必要な支援が受けられる態勢が整ったため、統合連絡調整所と上級司令部の尽力により、陸自の緊急医療援助隊を予定どおりに輸送でき、被災地に展開し活動を開始しました。また、この日の復路では現地で被災したアメリカ国籍の民間人をアメリカ本土へ輸送しました。

われわれは、6回の輸送を実施し、第2派の空輸隊に任務を引き継ぎ、2月14日に帰国しました。なお、2月16日からは、国連ハイチ安定化ミッション（ＭＩＮＵＳＴＡＨ）への派遣任務に引き継がれ、主に復旧・復興支援を担う陸自のＰＫＯ部隊の要員、物資などの輸送がＫＣ－７６７空中給油・輸送機も活用して行なわれました。

力づけられた米国民の温かい言葉

本任務は、派米訓練から要員、航空機がそのまま緊急輸送に転用されるという珍しいケースでしたが、任務を完遂できたのは、これまでの国外運航経験で培った隊員の能力、上級司令部やアメリカ軍などとの綿密な連携、ならびに日本で待つ家族の理解と関係者の万全な支援のたまものであります。

そして、何よりも力づけられたことは、アメリカ国民の温かい言葉でした。運航を終え、ホームステッド基地から宿舎への帰り道、食事や買い物などに立ち寄ると、店員や居合わせた人から、飛行服や作業服の肩につけていた日本国旗のワッペンを見て「ハイチとアメリカのためにありがとう」と感謝とねぎらいの声をかけていただきました。「本当にやりがいのある仕事だ」と胸が熱くなったのを今でも覚えています。

海賊対処活動（その1）

不安とストレスの中、初の海賊対処任務

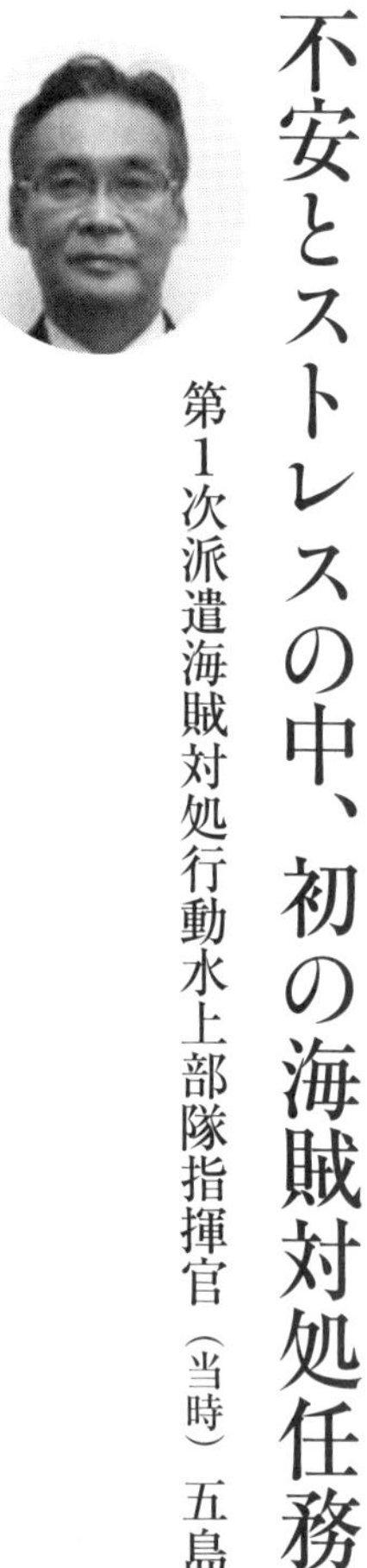

第1次派遣海賊対処行動水上部隊指揮官（当時）五島浩司

ご家族の不安を感じるなかで出港

私がソマリア沖・アデン湾における第1次派遣海賊対処行動水上部隊指揮官を拝命し、多くの人々に見送られ、呉を出港（2009年3月14日）してから早いもので10年あまりが経過しました。

アフリカ東部のインド洋とアデン湾に面するソマリア連邦共和国は、1991年勃発の内戦以降、国土は分断され、事実上の無政府状態が続き、2000年代に入ると、ここを拠点にアデン湾やソマリア沖を航行中の船舶に対する海賊行為が発生するようになり、国際海運に大きな脅威と障害を及ぼしてきました。そこで、2008年から国連決議に基づき、多くの国が船舶護衛のために海軍艦艇を派遣するようになり、海賊行為に対する予防・警備、鎮圧に乗り出しました。

この当時、海賊は頻繁に出没し、多くの日本関係船舶も襲撃され被害を受けていたため、早急な対策が求められていました。日本政府は、ソマリア沖、アデン湾がわが国にとって、きわめて重要な海上交通路であり、当該海域での海賊行為がわが国のみならず、世界経済に大きな影響を与えることから、国際社会と協力して対処していくことが重要であるとの認識から、2009年3月、自衛隊法の規定による「海上警備行動」を発令、自衛艦を派遣することになりました（同年7月からは、いわゆる「海賊対処法」の施行で海賊対処行動に移行）。

こうして第1次隊（護衛艦「さざなみ」「さみだれ」）の派遣となったのですが、海上自衛隊にとって海賊行為への対処行動は初めての任務であり、そのノウハウもなく、装備についても不十分でした。まったくの白紙の状態から準備をすることになりましたが、多くの関係者からの多大な支援のもと、最低限の準備を完了し、何とか出港までこぎつけることができました。

しかし、出港当日、私が最も強く感じたことは、準備を完了できた安堵感ではなく、大きなストレスでした。

乗組員を見送る多くのご家族の顔からは、ソマリア沖の海賊が対戦車ロケットや重機関銃などで武装していること、場合によってはその海賊と至近距離で銃撃戦となる可能性もあることなどから、明らかに大きな不安を抱いているのが見てとれました。

乗組員の中には新隊員の教育課程を終えて間もない未成年の者もおり、派遣に先立ち、家族説明会も開催しました。しかし、正直なところ説明する立場のわれわれ自身も現場に着いてみなければ分からないことが多く、ご家族の不安を解消するには至りませんでした。今でもご家族には本当にご心配をおかけしたと思っております。

出港の見送りを受けながら、アデン湾で護衛するすべての船舶を無事に通行させるという任務に加えて、全隊員を元気な姿でご家族のもとへ帰すという責任が重くのしかかってきたことを忘れられません。

訓練を重ねながらアデン湾に進出

呉を出港した後、出港までに立案していた海賊対処の計画案に従って訓練を重ねていくと、それまで見落としていたさまざまな問題点が明らかになりました。

活動海域のアデン湾への到達と護衛任務開始の日は刻々迫っていましたが、出港時のご家族の顔を思い出すと妥協するわけにはいかず、早朝から深夜まで訓練結果の検証と修正の繰り返しでした。司令部や「さみだれ」「さざなみ」乗組員はアデン湾到着まではほとんど休む間はありませんでした。

呉を出港した日は北風が強く肌寒かったですが、南下するにつれて暖かくなり、そして暑くなりました。灼熱の環境下での航海で疲労も蓄積するなか、派遣部隊隊員は不満をもらすことなく、真剣に黙々と、訓練とそれぞれの職務に取り組んでくれました。そのおかげで任務開始前日には海賊対処要領を確立することができました。

さらにアデン湾に近づくと、「海賊に追われている。助けてくれ！」と絶叫のような緊急通報を頻繁に傍受するようになり、乗組員の緊張は一気に高まっていきました。

アデン湾で海賊対処行動中の護衛艦「さざなみ」の艦橋で警戒監視にあたる乗組員。

護衛任務開始

アデン湾に入ると高温多湿に加えて、空はアフリカ大陸から飛来する砂塵に覆われており、予想以上の劣悪な環境下での任務が開始されました。

ソマリアの海賊は小型高速ボートで商船を襲撃しますが、アデン湾は良好な漁場でもあり、活動海域には数多くの小型漁船も操業しているので、一見してどれが漁船でどれが海賊船なのかを識別することはできません。漁船を装った海賊が突然、ロケットや重機関銃を取り出して商船を襲撃することもあるのです。

目視と水上レーダーに加えて、哨戒ヘリコプターを活用した継続した警戒が必要となり、一瞬の油断も許されないというプレッシャーが隊員のストレスを増幅させました。

実際に護衛を開始すると、海が荒れて護衛開始時間に合流できない船、機関の故障で速力が出ない船、連続した高速航行で機関に不調をきたす船、そして護衛対象以外の多くの船舶からの護衛要請などさまざまな対応が求められました。護衛対象外の船舶からの緊急通報にも対応して、急遽、護衛艦やヘリコプターを向かわせることもありました。

また、海賊の活動は徐々に変化していきました。海賊は各国の軍艦や航空機が展開している海域を避けるようになり、それ以外での襲撃件数は激増しました。また、昼間だけでなく、夜間も襲撃するようになり、暗視装置などを使用した見張りも必要になりました。

護衛した船舶からの感謝のメッセージ

日本関係船舶ではない外国船籍の商船からの通報で、不審な小型船に対処した際に、一部で海上警備行動に照らして、「脱法行為」「駆けつけ警護」ではないかなどと報道されたこともありましたが、護衛した船舶からはたいへん感謝され、隊員の大きな励みとなりました。過酷な環境下で緊張を強いられる任務でしたが、護衛を終えるとほとんどの船舶から感謝のメッセージをいただきました。

恐れていたアデン湾を無事に通過できたことに対する感謝、引き続き現場に留まるわれわれの任務達成と安全祈願、次の航海でも日本の護衛艦に守ってもらいたい等々のメッセージでした。私はこれらのメッセージを艦内の食堂や通路に掲示し、われわれの行動が高く評価されていることを隊員に理解させました。

任務を終えて帰国した際、出迎えに来ていただいた船主協会の方々に「温かい数多くのメッセージがわれわれのメンタルを支えてくれた」ことをお伝えし、心からのお礼を述べました。

アデン湾を航行中の日本の大型クルーズ客船「飛鳥Ⅱ」に並走する護衛艦「おおなみ」（2010年4月）。

約5か月間の任務を経て、隊員の顔には大きな自信と達成感が見てとれ、頼もしい限りでした。指揮官として唯一自慢できるとすれば、このような素晴らしい部下を持ったことであろうと考えます。

また、われわれ現場を支えてくださった多くの関係者の方々、大きな不安を抱きながらも理解と支援をいただいたご家族にも深く感謝したいと思います。

現在（2019年8月）は第33次隊が活動中であり、累計で護衛回数841回、護衛船舶3846隻（2018年12月末現在）に達し、ソマリア沖、アデン湾の航行の安全に寄与しています。

今後も活動は継続されるでしょうが、その任務完遂と派遣隊員の安全を心よりお祈りする次第です。

海賊対処活動の概要

２００７年頃からソマリア沖やアデン湾において海賊行為が頻発していた。２００８年9月に、戦車を含む武器が多数積載されたウクライナの貨物船「ファイナ」号が襲撃されたのを機に、安全保障上の事態として重大視した米国、ＥＵ、ロシアが対策を強化した。本海域は、年間約１６００隻の日本関係船舶が通行するなど、日本の暮らしを支える重要な海上交通路でもあることから、この流れを受けて日本政府も海上自衛隊のソマリア沖への派遣を検討し始めた。

２００９年3月、ソマリア沖・アデン湾における海賊行為対処のための海上警備行動を発令し、海上自衛隊の護衛艦2隻をソマリアに向けて出航させるとともに、同年6月、「海賊行為の処罰及び海賊行為への対処に関する法律（海賊対処法）」を制定した。

自衛隊は、本海賊対処法に基づき、派遣海賊対処行動水上部隊（２００９年3月から２０１６年12月までは護衛艦2隻、２０１６年12月以降は護衛艦1隻）、派遣海賊対処行動航空隊（固定翼哨戒機2機）を現地（ジブチ共和国）に派遣して、今なお海賊の警戒監視を実施している。

派遣人員としては、海上自衛官約３１０人（水上部隊約２００人、航空隊約60人、支援隊約30人、連合任務部隊司令部約20人）陸上自衛官約80人（支援隊要員）、水上部隊には8人の海上保安官も同乗している（２０１９年10月現在）。

また航空自衛隊もＣ－１３０Ｈ輸送機やＫＣ－７６７空中給油・輸送機からなる空輸隊を編成し、輸送任務を行なっている。水上部隊は、それまでの直接護衛に加え、２０１３年12月からは、諸外国の部隊と協調してより柔軟かつ効果的な運用を行なうため、連合任務部隊（ＣＴＦ１５１）に参加してゾーンディフェンスを開始している。また、航空隊も２０１４年２月からＣＴＦ１５１に参加して、各国の航空部隊の運用方針や海賊対処に資する情報を入手するなど各国の部隊との連携を強化して活動している。

なお２００９年６月に任務を開始して以来、２０１６年５月現在、３６９７隻の船舶が海上自衛隊の護衛艦による護衛のもとで、１隻も海賊の被害を受けることなく、安全にアデン湾を通過している。また、２機のＰ－３Ｃを派遣している海上自衛隊は（同様に哨戒機を派遣している各国と協調しつつ）アデン湾において警戒監視を行なっており、海自機の飛行回数は１５６８回を数え、延べ飛行時間は約１万２０７０時間に及んでいる。識別作業を行なった船舶は約13万３００隻であり、周囲を航行する船舶や、海賊対処に取り組む諸外国に情報の提供を行なった回数は約１万１９６０回となっている。

海賊対処活動（その2）

海賊行為を抑止できた目に見える成果

第1次派遣海賊対処行動航空隊指揮官（当時）福島博

銀翼連ねて出発

「ジブチに向け、銀翼連ね出発します」。声高らかに出国報告を終え、多くの方々からの盛大な見送りを受けながら厚木基地を離陸したのは、2009年5月28日のことでした。

今もソマリア沖・アデン湾においては、海上自衛隊の航空部隊と艦艇部隊の隊員が海賊対処行動のために汗を流しており、2018年末には、航空部隊が任務飛行回数2188回を、艦艇部隊が護衛回数841回を達成しています。

航空部隊はジブチを拠点に警戒監視飛行によって、海賊行為の抑止や海賊船と疑われる船舶の武装解除に大きな役割を果たし、また、艦艇部隊は護衛対象船舶から1隻の被害も出さずにパーフェクトな護衛を実施しています。

海賊対処行動の開始から10年が経ち、派遣航空隊最初の指揮官として勤務した当時を思い起こし、自分なりに「回想」してみたいと思います。

限られた期間であわただしく準備

当時、ソマリア沖・アデン湾における海賊被害が年々倍増の勢いで増え続けていたことから、国際社会における大きな問題となっていました。

2008年冬頃には、これに対処するため、自衛隊の派遣がマスコミなどでも取り沙汰されはじめ、2009年3月に、最初の海賊対処行動水上部隊が護衛艦2隻をもって活動を開始し、翌4月には、航空部隊にも防衛大臣から準備指示が出され、派遣のための準備作業が本格化しました。

準備は、灼熱のアフリカの地で活動するための防暑用被服や整備用器材の調達など、出発までには膨大な作業が必要でした。また、現地での航空機の整備を具体的にどのように実施するのか、要員の衣食住をどうやって確保するのか、といった問題もありました。

アメリカ軍から全面的な支援が得られ、多くの問題はクリアできたものの、大切な航空機を入れる格納庫はなく、北アフリカから吹きすさぶ砂塵の中、P-3C哨戒機を野ざらしのまま駐機せざるを得ないことを覚悟したうえでの慌ただしい出発となりました。

酷暑の中、任務開始

「ジブチで勤務するにあたって、指揮官として君に与えられた最も重要な任務の一つは、部下に水分を十分摂らせることだ」とジブチの事情をよく知るアメリカ軍人から出国前にもらったアドバイスです。特に第1次要員が活動した6月から9月にかけては、気候条件が最も過酷な時期にあたり、日中の気温は50度以上となることも珍しくなく、湿度は80パーセントを超えるという劣悪な環境でした。

2009年5月31日、2機のP‐3Cとともにジブチ国際空港に降り立ち、ただちに物資の開梱作業など、任務飛行の準備に取りかかり、その4日後には護衛艦部隊との協同要領を確認すべく訓練飛行を実施しました。そして6月11日には、第1回目の任務飛行を開始しました。

われわれに与えられた任務は、ソマリア沖・アデン湾において、海賊船の疑いがある不審な船舶の捜索、警戒監視、海自護衛艦部隊や各国艦艇部隊などとの情報交換しつつ、海賊行為を抑止することでした。

しかし、海賊船の疑いのある不審な船舶といっても、相手は映画のようにドクロマークの旗を掲げているわけではなく、一見、ふつうの小型船でしかありません。任務に従事する搭乗員たちは、日本の面積に匹敵するほど広大なアデン湾を航行する多数の船舶を確認し、識別するという作業を1隻1隻丹念に実施するのです。

そして、その中から商船などを高速で追いかけるための複数のエンジン搭載の有無、そして強制的に停船させた船舶に乗り移るための梯子の有無など、海賊行為に必要な物品を搭載した不審な船舶を識別するという、地道な、しかしきわめて重要な任務を黙々と遂行していきました。

ジブチに展開中の各国の海賊対処行動航空部隊のP-3C哨戒機と派遣隊員たち。

こうした努力の積み重ねもあり、第1次隊の派遣期間中に実施した74回の任務飛行を通じ、6隻の不審な船舶を発見するという成果を上げました。

それらの船舶の中には、われわれからの通報により、駆けつけた外国艦艇による立ち入り検査の結果、船内から小銃やロケットランチャーなどの武器が多数発見されたものもありました。

われわれの活動がなければ、彼らの海賊行為によって商船などが乗っ取られ、海賊の根拠地のソマリアで船員たちは身代金目的の人質になっていたかもしれません。われわれの活動が海賊行為を抑止しているという目に見える成果は派遣隊員一同にとって大きな誇りでした。

派遣部隊の二つの特徴

派遣海賊対処行動航空隊には、二つの大きな特色があります。その第一は、今では当たり前になった陸・海自衛隊による統合部隊であるということです。

航空隊の活動基盤であるジブチの基地警護や物資の調達や対外調整などのため陸自の有する優れた能力を必要とし、当初の派遣部隊は陸自隊員約50人、海自隊員約100人からなる統合任務部隊として編成されました。

第二は、各国の派遣部隊との交流がきわめて多いということです。アデン湾の海賊対処のため、当地で連携した外国部隊は、アメリカのみならず、イギリス、フランス、ドイツ、スペイン、トルコ、韓国など多数の国々に及びました。

実任務でこれほど長期間、しかも多数の国々の派遣部隊が一緒に活動する例は少ないと思いますが、部隊の任務遂行上、各国派遣部隊との連携が不可欠であることは言うまでもありません。

海賊対処という共通の任務に取り組む者同士、洋上における任務遂行時のみならず、日ごろから各国部隊間で相互訪問したり、交流の機会を設け、友好・信頼関係を醸成することができました。

今も続く海賊対処活動

最近は、わが国をはじめとする各国の活動の成果によって、海賊行為は以前に比べて低調になっています。しかし、ソマリアは依然、情勢は不安定な状態にあり、海賊行為の取り締まりなどの治安の改善と維持をソマリア政府に期待することはできず、海賊行為がソマリアにおいて一種のビジネスとなっているのが実情です。このような現実がある限り、海賊対処の手をゆるめるわけにはいかず、活動は今後も継続されるでしょう。

２０１０年以降は、自衛隊が使用する格納庫や隊舎などの施設が整備され、航空隊派遣要員の勤務環境は派遣開始当時に比べて格段に向上していると聞いています。しかし、数か月にも及ぶ海外での緊張を強いられる任務に従事する隊員の労苦は、基本的に変わることはないと思います。

過酷な気象条件に加え、強力な武器を持つ海賊から船舶を守るという緊張感の中で、これまで無事任務を完遂できたのは、国民の負託に応えなければならないという隊員一人ひとりの大きな使命感と皆様から寄せられるご支援、ご声援のおかげです。

インド洋における補給支援活動

情報収集部隊としての初任務を達成

海上自衛隊第6護衛隊司令（当時）宮﨑行隆

インド洋に向けて出港

2001年、アメリカで発生した「9・11テロ」に対し、国連がこれを非難し、世界の国々が力を合わせてテロリズムに立ち向かうことを決議したのにともない、わが国では2001年10月29日、いわゆる「テロ対策特別措置法」が成立、〝テロとの戦い〟にできる限りの協力と支援を行なうことになりました。そして、この特別措置法に基づき、アメリカ軍などの対テロ軍事行動への後方支援のため、海上自衛隊の艦艇がインド洋方面に派遣されることになりました。

この第一陣として事前の情報収集のため、本多宏隆第2護衛隊群司令（当時）を指揮官に、第2護衛隊群の旗艦だった護衛艦「くらま」、第6護衛隊の護衛艦「きりさめ」および護衛艦隊直轄の補給艦「はまな」の3隻が、11月9日早朝、インド洋に向け佐世保を出港しました。「くらま」の科員食堂で、石川亨海上幕僚長（当時）からの訓示を受けた後、桟橋を離れましたが、盛大な見送り行事などはなく、世間の一部からは反対の声も上がっていたなか、勇躍というよりはふだんの訓練の時と同様の粛々とした出港でした。

ただ、これから行く場所がどんなところか、何が待ち受けているのかなどを思うと、やはり一抹の不安があったことは疑いもない事実です。

補給支援活動のためインド洋に向かう補給艦「はまな」（写真中央）と護衛艦「くらま」（右）、「きりさめ」。

スポーツドリンクで乾杯

シンガポールに寄港、補給をした後、第6護衛隊護衛艦「きりさめ」は水路調査の任務を受け、スマトラ島の東を南下、インドネシアの南のジャワ海からスンダ海峡を経てインド洋に向かいました。シンガポールを発つとすぐに赤道を通過することになります。

通常、赤道通過時は「赤道祭」を実施します。古くは航海の安全祈願の儀礼でしたが、今では、この日だけは休養

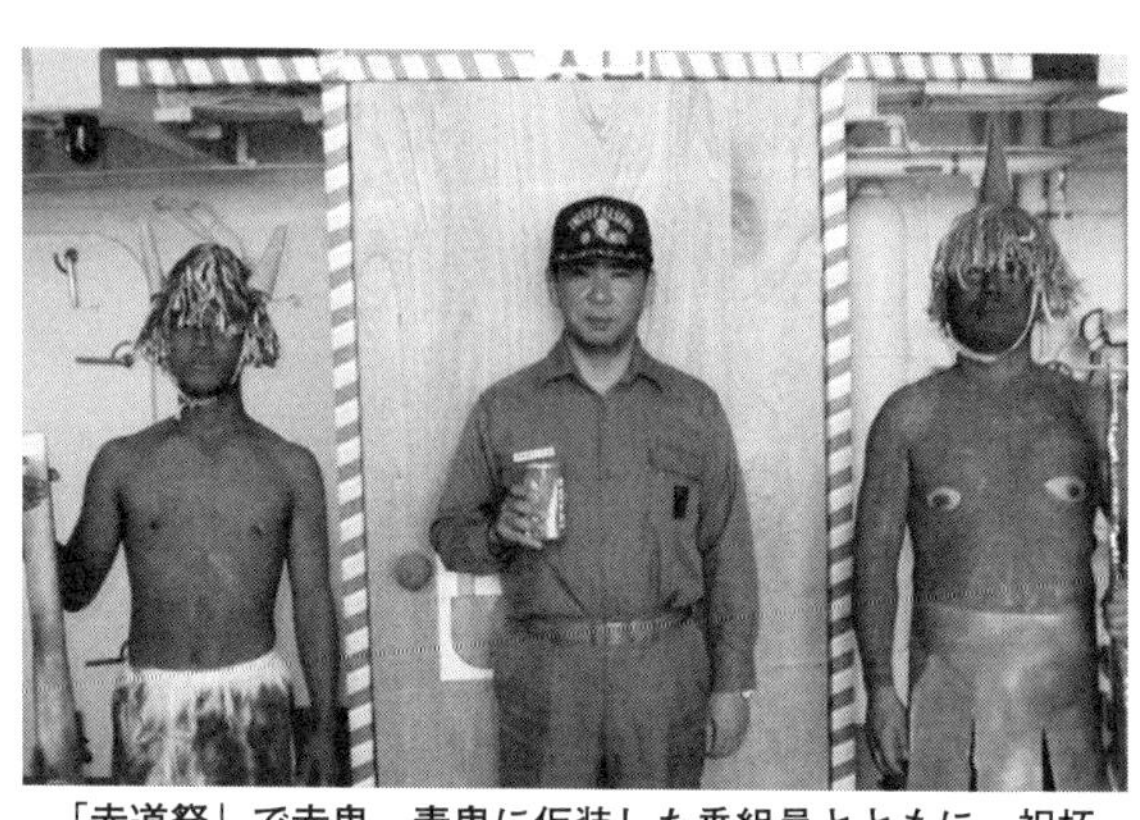
「赤道祭」で赤鬼、青鬼に仮装した乗組員とともに。祝杯のスポーツドリンクの缶を手にする筆者。

日とし、仮装して寸劇を披露するなど、娯楽のない艦内での一種の楽しい行事になっています。しかし、この時ばかりは何の準備もしていませんでした。ありあわせの材料で仮装して形ばかりの「赤道祭」でした。

3～4か月間、補給以外は無寄港と覚悟していましたし、航海中は酒も飲めないのですが、寄港時の休養日のため、1人ビール2本とウイスキー1本程度を積み込んでいました。赤道通過の祝杯は、「いま飲んだらもう飲めなくなる」との思いから、酒ではなくスポーツドリンクでの乾杯でした。いまでもこの時の写真を見ると笑いがこみ上げてきます。

第1回目の洋上補給

出港から約3週間、活動海域のアラビア海に入るとともに、11月末からは「テロ対策特別措置法」に基づく対応措置が正式に発令され、部隊の任務は情報収集から後方支援に切り換えられました。しかし、この時はまだ、これから活動するうえで必要な、アメリカ海軍との情報交換と暗号通信の手段が確立されていませんでしたので、洋上給油を実施するための細部調整には多大の時間を要しました。

この調整を担当した幹部の苦労には今でも頭が下がる思いです。何とか調整と所要の準備が完了して、2001年12月2日午前8時すぎ（現地時間）、アラビア海で補給艦「はまな」は、アメリカ海軍の高速戦闘支援艦「サクラメント」に対して第1回目の洋上給油を実施しました。

艦艇に直接、脅威が及ぶ状況や海域ではないとはいえ、いつ何時、何があるか分からない情勢であり、「はまな」はもちろんのこと、警戒監視にあたる「きりさめ」も不測の事態に備え、態勢を維持しながら後走し、乗組員には緊張感が漂っていました。

給油作業中の「はまな」の甲板や艦橋では、作業にあたる要員の号令や、それを復唱する声だけが飛び交い、それ以外の会話はまったくなく、整斉と作業が進んでいきました。約2時間半の給油終了後の安堵感と達成感は、あの時、あの場にいた者にしか分からないと思います。

この翌日の新聞（船舶用のFAX新聞）には、「洋上補給開始」のニュースが、きっと大きく扱われているだろうと思っていたのですが、届いた紙面は1面扱いではなく、何ページ目かに小さな記事で出ていたのが印象的でした。

航空機が突っ込んでくる

こうして活動が開始され、さらにアフガニスタン難民への救援物資をパキスタンに輸送のため派遣された第2護衛隊の護衛艦「さわぎり」と補給艦「とわだ」が合流、展開中のアメリカ、イギリスなどの艦艇への補給が本格化しましたが、依然、アメリカ軍との情報交換や活動海域の情報も不足していました。

そのような中である日、高度を下げながらまっすぐこちらに向かってくる航空機を探知し、艦内に緊張が走りました。国籍・敵味方識別は不明、いくら呼びかけをしても応答がありません。規則に従った要領で対処の態勢をとりましたが、最終決断はなかなかできるものではありません。

不明機は艦対空ミサイルや砲で迎撃できる範囲を過ぎ、個艦防空用の最終手段であるＣＩＷＳ（20ミリバルカン砲）のみでしか対処できない距離に接近しつつあり、艦全体が異様な緊張感に包まれました。足が震え、吐き気にも似た息苦しさを感じました。人間は本当に緊張するとこうなるのでしょう。心の中で「神さま!…」と叫んだ時、頭の中は真っ白でした。

「もう一度だけ呼びかけよう」と判断、本当に最後の警告を実施したところ、応答があり、某国の哨戒機と判明しました。

その後、通信手段と情報共有の態勢が整い、アメリカ海軍からの情報などを見ることができるようになり、同様の事象があちこちで起きており、「十分注意して絶対に射撃しないように」との電文を見た時は、安心するとともに、あの時の緊張感を思い出し複雑な気持ちでした。

情報交換の大切さを思い知らされるとともに、あの時、「もう一度」と言葉を発しなかったならば、どうなっていただろうかと思わざるを得ません。

無事、佐世保に帰港

何事も初めてというのはいろいろな想定外のことが起こるもので、いま振りかえると、われわれの行動も手探り状態ともいえる活動でした。

ある時期は数週間も無補給、無寄港での警戒監視行動だったので、他国艦艇への補給が任務のこちらは「米、味噌、醤油だけで行動せよ」ということかと考え込んだこともありました。また、インド洋のある沿岸国に寄港した際は、現地の日本人小学生の訪問を受け、餅つき大会を開催したところ、自艦で必要な正月用の餅米が足りなくなったり、乗組員の中には「上陸などまったくないと思っていたので、お金を持参していなかった」という者がいて困ったこともありました。さらに、一滴の油も給油していないのに、「泊地に戻り燃料補給せよ」との命令が来て当惑したりと、予想もしていなかった出来事は数えればきりがありません。いま思えば笑い話のようなこともありましたが、当時は本当に真剣に悩んだことばかりでした。

2011年11月9日、派遣10周年を記念して本多元群司令以下、当時のメンバー何人かで会合を開いた時、思い出話に花が咲いたのは言うまでもありません。

何はともあれ、2002年2月末、われわれ第一陣は任務を終え、第3護衛隊群の護衛艦「はるな」「さわかぜ」、補給艦「ときわ」に活動を引き継ぎ、3月16日、約4か月ぶりに3隻揃って無事、佐世保に帰港しました。みんなほっとしたのでしょう、この時の乗組員の笑顔は今でも目に浮かびます。

私も「やれやれ、これで一息つける」「家族サービスをして、また海上勤務に邁進」と思っていた矢先、海上幕僚監部への栄転（?）の辞令を受け、がっかりしたのも今となってはよい思い出です。

執筆者略歴（掲載順）

森田良行（もりた・よしゆき）
1948年、福岡県出身。防衛大学校卒（15期）、海上自衛隊入隊。海幕運用課、第14掃海隊司令（ペルシャ湾機雷除去業務派遣）、第51掃海隊司令、第38護衛隊司令、自衛隊長崎地方連絡部長、第7護衛隊司令、掃海隊群幕僚長、下関基地隊司令、掃海隊群司令などを歴任。2005年7月退官（海将補）。

渡邊隆（わたなべ・たかし）
1954年、東京都出身。防衛大学校卒（21期）、陸上自衛隊入隊。アメリカ陸軍大学国際協力課程、第1次カンボジア派遣施設大隊長、第12施設群長、陸上幕僚監部装備部装備計画課長、幹部候補生学校長、第1師団長、統合幕僚学校長、東北方面総監などを歴任。2012年7月退官（陸将）。

中野成典（なかの・しげのり）
1959年、静岡県出身。防衛大学校卒（25期）、陸上自衛隊入隊。陸上幕僚監部防衛部防衛課、モザンビーク派遣輸送調整中隊長、第8後方支援連隊輸送隊長、輸送学校研究員、陸幕防衛部研究課システムグループ長、第10後方支援連隊長、陸上幕僚監部総務部総務課庶務室長、研究本部研究開発企画官、第4師団副師団長、自衛隊大阪地方協力本部長、補給統制本部副本部長、輸送学校長などを歴任。2015年3月退官（陸将補）。

神本光伸（かみもと・みつのぶ）
1947年、広島県出身。防衛大学校卒（14期）、陸上自衛隊入隊。ルワンダ難民救援隊長、第2後方支援連隊長、陸上幕僚監部装備部武器・化学課長、自衛隊兵庫地方連絡部長、防衛医科大学校学生部長、武器学校長兼ねて土浦駐屯地司令などを歴任。2004年3月退官（陸将補）。

佐藤正久（さとう・まさひさ）
１９６０年、福島県出身。防衛大学校卒（27期）、陸上自衛隊入隊。第5普通科連隊中隊長、アメリカ陸軍指揮幕僚大学、第1次ゴラン高原派遣輸送隊長、第1次イラク復興業務支援隊長、第7普通科連隊長兼ねて福知山駐屯地司令、幹部学校主任教官などを歴任。２００７年1月退官（1等陸佐）。２００７年7月参議院議員選挙当選。防衛大臣政務官、参議院外交防衛委員長、２０１７年8月外務副大臣。

本松敬史（もとまつ・たかし）
１９６２年、宮崎県出身。防衛大学校卒（29期）、陸上自衛隊入隊。第1普通科連隊中隊長、第3次ゴラン高原派遣輸送隊長、アメリカ陸軍指揮幕僚大学、第39普通科連隊長兼ねて弘前駐屯地司令、北部方面総監部幕僚副長、自衛隊沖縄地方協力本部長、陸上幕僚監部教育訓練部長、第8師団長、統合幕僚副長などを歴任。２０１９年4月西部方面総監（陸将）。

軽部真和（かるべ・まさかず）
１９６０年、千葉県出身。早稲田大学卒、陸上自衛隊入隊。少年工科学校生徒隊区隊長、第1次ゴラン高原派遣ＵＮＤＯＦ司令部要員、ユーゴスラビア防衛駐在官、東部方面総監部調査課長、第5旅団司令部第3部長、国際活動教育隊長兼ねて駒門駐屯地司令、陸上幕僚監部総括副法務官、北部方面総監部法務官、統合幕僚監部首席法務官、第14旅団副旅団長兼ねて善通寺駐屯地司令、陸上幕僚監部法務官などを歴任。２０１７年8月退官（陸将補）。

田邉揮司良（たなべ・きしろう）
１９５７年、広島県出身。防衛大学校卒（24期）、陸上自衛隊入隊。第３０１施設隊長兼ねて富山駐屯地司令、第7施設群長、第3次東ティモール派遣施設群長、陸上幕僚監部人事部補任課長、第5施設団長兼ねて小郡駐屯地司令、自衛隊東京地方協力本部長、陸上幕僚監部装備部長、第9師団長、防衛大学校幹事、北部方面総監などを歴任。２０１５年3月退官（陸将）。

番匠幸一郎（ばんしょう・こういちろう）
1958年、鹿児島県出身。防衛大学校卒（24期）、陸上自衛隊入隊。外務省出向、アメリカ陸軍戦略大学、陸上幕僚監部防衛班長、第3普通科連隊長兼ねて名寄駐屯地司令、第1次イラク復興支援群長、陸上幕僚監部広報室長、西部方面総監部幕僚副長、幹部候補生学校長、陸上幕僚監部防衛部長、第3師団長、陸上幕僚副長、西部方面総監などを歴任。2015年8月退官（陸将）。

福田築（ふくだ・きずく）
1956年、福岡県出身。防衛大学校卒（24期）、陸上自衛隊入隊。第16普通科連隊中隊長、陸上幕僚監部教育訓練部評価班長、第20普通科連隊長、第4次イラク復興支援群長、富士学校普通科部教育課長、中央即応集団司令部幕僚長、防衛大学校防衛学教育学群統率戦史教育室長兼ねて防衛大学校教授、第4師団副師団長兼ねて福岡駐屯地司令、自衛隊体育学校長などを歴任。2013年12月退官（陸将補）。

新田明之（にった・あきゆき）
1952年、埼玉県出身。1972年航空自衛隊入隊、航空学生（28期）。航空実験団試験飛行操縦士（テストパイロット）課程教官、第2輸送航空隊第402飛行隊長、第3輸送航空隊飛行群司令、第1期イラク復興支援派遣輸送航空隊司令、第2輸送航空隊司令などを歴任。2008年7月退官（1等空佐）。

岩村公史（いわむら・きみひと）
1962年、鳥取県出身。防衛大学校卒（29期）、陸上自衛隊入隊。第1空挺団普通科群中隊長、第2次ゴラン高原派遣UNDOF司令部先任兵站幕僚、アメリカ海兵隊指揮幕僚大学、第3次イラク復興業務支援隊長、陸上幕僚監部防衛部編成班長、第12普通科連隊長兼ねて国分駐屯地司令、西部方面総監部防衛部長、中央即応集団副司令官、第1空挺団長兼ねて習志野駐屯地司令、富士学校副校長、第12旅団長などを歴任。2018年8月、第9師団長（陸将）。

小瀬幹雄（こせ・みきお）

1963年、兵庫県出身。東京大学工学部卒、陸上自衛隊入隊。第1施設大隊中隊長、アメリカ海兵隊指揮幕僚大学、第5次イラク復興業務支援隊長、陸上幕僚監部人事部人事計画課制度班長、第9施設群長、陸上幕僚監部人事部厚生課長、第1施設団長兼ねて古河駐屯地司令、施設学校長兼ねて勝田駐屯地司令、九州補給処長兼ねて目達原駐屯地司令、西部方面総監部幕僚長兼ねて健軍駐屯地司令などを歴任。2019年8月、第5旅団長（陸将補）。

山中敏弘（やまなか・としひろ）

1961年、大分県出身。防衛大学校卒（28期）、陸上自衛隊入隊。第33普通科連隊第3中隊長、第30普通科連隊長、第10次イラク復興支援群長、中央即応集団幕僚副長、第3師団司令部幕僚長、中部方面総監部防衛部長、自衛隊熊本地方協力本部長、第2師団副師団長、自衛隊体育学校長などを歴任。2018年3月退官（陸将補）。

寒河江勇美（さがえ・いさみ）

1954年、山形県出身。防衛大学校卒（21期）、航空自衛隊入隊。中部航空方面隊司令部整備課長、自衛隊群馬地方連絡部募集課長、航空支援集団司令部装備課長、第3期イラク復興支援派遣輸送航空隊司令、第8航空団整備補給群司令、航空総隊司令部計画課長、イラク復興支援派遣撤収業務隊司令、中部航空方面隊司令部装備部長などを歴任。2010年11月退官（1等空佐）。

坂間輝男（さかま・てるお）

1961年、東京都出身。防衛大学校卒（29期）、陸上自衛隊入隊。第20普通科連隊中隊長、第21普通科連隊第3科長、陸上幕僚監部副監察官、中央即応集団司令部副監察官、中央即応連隊副連隊長、第1次南スーダン派遣施設隊隊長、富士学校普通科部教育課教官、補給統制本部総務部人事課長、会計監査隊東北方面分遣隊長などを歴任。2017年6月退官（1等陸佐）。

小森谷義男（こもりや・よしお）
1944年、東京都出身。防衛大学校卒（12期）、海上自衛隊入隊。掃海艇「みやと」艇長、第49掃海隊司令、第2掃海隊群首席幕僚、第22護衛隊司令、第36護衛隊司令、自衛隊鹿児島地方連絡部長、第1掃海隊群司令（トルコ共和国派遣海上輸送部隊指揮官）などを歴任。2000年3月退官（海将補）。

佐々木孝宣（ささき・たかのぶ）
1953年、福岡県出身。防衛大学校卒（21期）、海上自衛隊入隊。艦艇部隊勤務、護衛艦「ゆうべつ」艦長、第2護衛隊群首席幕僚、自衛隊長崎県地方連絡部長、第6護衛司令、舞鶴地方総監部防衛部長、第4護衛隊群司令（インドネシア国際緊急援助海上派遣部隊指揮官）、練習艦隊司令官、阪神基地隊司令、防衛大学校訓練部長、第1術科学校長、舞鶴地方総監などを歴任。2012年7月退官（海将）。

堀井克哉（ほりい・かつや）
1959年、大阪府出身。防衛大学校卒（25期）、陸上自衛隊入隊。第5後方支援隊長（パキスタン・イスラム共和国国際緊急航空援助隊長）、関西補給処装備計画部長、関東補給処火器車両部長、北部方面後方支援隊副隊長、武器学校副校長兼ねて企画室長などを歴任。2015年1月退官（1等陸佐）。

山本雅治（やまもと・まさはる）
1959年、広島県出身。防衛大学校卒（27期）、陸上自衛隊入隊。第14普通科連隊中隊長、陸上幕僚監部防衛部運用課、西部方面総監部防衛部防衛課運用班長、第8師団司令部第3部長、中央即応連隊長、第1次ハイチ共和国派遣国際救援隊長、幹部候補生学校教育部長、第13旅団司令部幕僚長などを歴任。2015年4月退官（陸将補）。現在、広島県危機管理課防災担当監。

菅野隆（かんの・りゅう）
1965年、愛媛県出身。防衛大学校卒（33期）、陸上自衛隊入隊。第40普通科連隊中隊長、陸上幕僚監部防衛部情報通信・研究課総括班長、第35普通科連隊長、第7次ハイチ共和国派遣国際救援隊長、中央即応集団司令部幕僚副長、部隊訓練評価隊長などを歴任、2018年3月、教育訓練研究本部研究員（1等陸佐）。

武部誠（たけべ・まこと）
1972年、北海道出身。1991年航空自衛隊入隊、航空学生（47期）。第1輸送航空隊飛行班員（ハイチ共和国派遣国際緊急援助空輸隊）、第12飛行教育団飛行教官、第1輸送航空隊飛行教官などを歴任。2019年9月航空支援集団司令部運用課員（3等空佐）。

五島浩司（ごとう・ひろし）
1958年、山口県出身。防衛大学校卒（25期）、海上自衛隊入隊。海上自衛隊護衛艦「しらゆき」艦長、護衛艦「みょうこう」艦長、防衛省防衛政策局弾道ミサイル防衛室調査分析チーム長、第8護衛隊司令、第1次派遣海賊対処行動水上部隊指揮官、自衛隊神奈川地方協力本部長、第1海上補給隊司令、函館基地隊司令などを歴任。2014年8月退官（海将補）。

福島博（ふくしま・ひろし）
1963年、東京都出身。防衛大学校卒（31期）、海上自衛隊入隊。第3航空隊、海上幕僚監部調査課（外務省出向）、第5航空隊飛行隊長、海上幕僚監部運用課、第3航空隊副長兼派遣海賊対処航空隊司令（ジブチ共和国）、第201教育航空隊司令、自衛艦隊司令部幕僚、第5航空群司令部首席幕僚、統合幕僚学校企画室長、徳島教育航空群司令。2019年8月下総教育航空群司令（1等海佐）。

宮﨑行隆（みやざき・ゆきたか）
1952年、大阪府出身。防衛大学校卒（20期）、海上自衛隊入隊。第1ミサイル艇隊司令、護衛艦「しまゆき」艦長、第3護衛隊群司令部首席幕僚、第6護衛隊司令（インド洋海上補給支援活動派遣）、海上幕僚監部調査部調査課長、情報業務群司令、第3護衛隊群司令、幹部候補生学校長、第1術科学校長などを歴任。2009年12月退官（海将補）。

「あとがき」にかえて

積極的平和主義と新時代の自衛隊の役割

桜林美佐（防衛問題研究家）

人的貢献に踏み出す契機

「令和元年」という文字を書く時は、なんとなく緊張します。31年続いた平成という時代が幕を閉じた感慨とともに、かつて「平成元年」という年が激動の幕開けだったことを思い起こすのです。

ベルリンの壁が崩壊したのは、この年の11月のことでした。しかし、東西冷戦の終結は、実際には人々が期待したような「平和な時代の到来」ではなく、民族や宗教の争いなど混沌とした世の中に突入していったのです。翌年の平成2（1990）年にはイラクがクウェートに侵攻します。

冷戦の終結は同時に、国連の機能を強化させることにもなりました。すなわち「集団安全保障措置」が積極的に行使される状態になったのです。これは安保理決議に基づく制裁や侵略を阻止・排除するもので、イラクによるクウェート侵攻に際しては、イラクに対し即時撤退を求めた「非難」、石油の輸出を禁じた「経済制裁」、各国の軍艦による船舶検査を求める「経済制裁を実効たらしめる措置」が安保理によって次々に決議されました。そして最終的に、多国籍軍による武力行使を認める「武力制裁容認」が決議され、１９９1年1月に湾岸戦争が始まることになったのです。

この頃、自民党幹事長だった小沢一郎氏は、国連への協力という文脈において「自衛隊の派遣は可能だ」と見解を示し、法案の提出までしていましたが廃案となり、実現には至りませんでした。

当時の日本では、資金援助という方法が最もいいという考え方が一般的で、また、それだけの経済力もあった時代でした。国民レベルでは自衛隊の派遣など考える余地がなかったのだと思います。

そこで日本としては、人的貢献はせずに１３０億ドルという大金を提供する方法を選びました。これは、国民1人あたり1万円を支出したに等しいものでした。

しかし、クウェートや国際社会から感謝されることはありませんでした。それどころか、多国籍軍の参加国からは「たった1万円で貴国のために血を流すのか」という厳しい言葉も浴びせられたのです。世界の常識では、実際に行動を起こし苦労を分かち合う者こそが平和の受益者たり得るからです。

資金援助も本来、決して無益なことではないはずですが、この多額のお金の行き先や使途がはっきりしなかったことも問題があったように思います。得てして資金援助というのは、お金を払った側はその時点で安心してしまう傾向があり、特に日本人は何かに寄付をする際も、募金箱にお金を入れたら、それで満足し、人助けをした気になってしまうように見えます。

多額の血税を支払ったにもかかわらず、かえって顰蹙を買ってしまうという結果を招いた日本には、国際社会のみならず、同盟国のアメリカ国内からもイラン・イラク戦争の頃から「安保タダ乗り」の冷ややかな声が聞こえてきました。

そうしたなか、何とかして信頼を回復しなければと湾岸戦争の終了後に掃海部隊を派遣したのです。派遣の根拠とした法律は、なんと「自衛隊法」で、その99条にある「機雷等の除去」でした。このことは、つねに「できない理由」ばかりの日本が、「やればできる」という印象を対外的に与えることになりました。そして何より、すべてが初めての経験でありながら、現地で奮闘努力した海上自衛官たちの働きが、日本の地位を引き上げてくれたのです。

平和を構築していく「当事者」意識を

この経験を経て、わが国は1992年6月にPKO法（国際平和協力法）を成立させることになります。以降、日本が諸外国での活動で評価を高めていくことになったのですが、それは派遣された一人ひとりの自衛官に国の未来を託したといっても過言ではありません。万が一、たった一人でも自衛官が事故や過ちを犯すようなことがあれば、国内政治はとても耐えられないでしょう。そんな国情からすれば、よくぞここまで成功させてきたと感慨深いものがあります。

海外活動をスタートさせてちょうど10年が過ぎた時、日本にとっても衝撃的な出来事が起きました。２００1年9月11日のアメリカ同時多発テロです。テレビ画面から信じられない光景を目にした私たちの多くは、これを「アメリカを狙ったテロ」だと思いました。しかし、犠牲になったのは米国人だけではありません。日本人も24人が亡くなっているのです。

テロの翌日、国連において「テロに対し自衛権を含むあらゆる手段を用いて戦う」安保理決議が採択され、10月にはアメリカを中心とした有志連合が結成されました。ＮＡＴＯやオーストラリアはすでに集団的自衛権を発動していました。

「24人の国民を失った日本は、どのようなかたちでテロとの戦いに参加するのか？」

これ以上、悲劇を起こさせないために、各国が一丸となろうという時に、ところで日本は？と向けられた問いに、外交・安保関係者は苦悶するのです。

そこで生まれたのが「テロ対策特別措置法」でした。

ちなみにこの正式名称は「平成十三年九月十一日のアメリカ合衆国において発生したテロリストによる攻撃等に対応して行われる国際連合憲章の目的達成のための諸外国の活動に対して我が国が実施する措置及び関連する国際連合決議等に基づく人道的措置に関する特別措置法」です。

これはアフガニスタンにおける「不朽の自由作戦」の海上での作戦（ＯＥＦ‐ＭＩＯ）に協力するもので、テロリストや武器の海上移動を阻止する各国艦艇に給油を実施しました。

一方、米英軍が始めた「対イラク軍事行動」は2003年5月に終結し、日本は安保理決議に基づき、7月に「イラク人道復興支援特措法」を成立させました。

これら特措法は、平成27（2015）年の「国際平和支援法」によって恒久法化され、時間と煩雑な立法手続きを要する特措法なしに他国軍への後方支援活動ができるようになっています。

ただ、こうした動きについて、国民の本質的な理解がともなっていたかといえば疑問があります。金沢工業大学虎ノ門大学院の伊藤俊幸教授（元呉地方総監）は「一連の国際安全保障関連事案は、外交という文脈でとらえられ、日本人の多くは『自分ごと化』が難しい」と指摘しています。確かに、われわれの認識はどうしても「外交」の枠を出ていなかったのではないでしょうか。平和を乱す勢力を阻止し平和を構築していく「当事者」であるという意識は、今でも希薄といわざるを得ません。

「PKO参加5原則」の束縛

日本は現在、南スーダンやシナイ半島への国連組織の司令部要員派遣やアフリカや東南アジア諸国へのキャパシティビルディング（能力構築支援）などで国連事業に参画しているものの、部隊レベルでの派遣は南スーダンから施設部隊が撤収して以降行なっていません。

「何かしなくてはいけない」という思いを持つ外交・安保関係者は少なくないと思いますが、実際には自衛隊に適合する活動が見つからないのが実情です。もし、このまま日本による具体的な活動が縮小の一途を辿れば、ペルシャ湾やカンボジア派遣以降積み重ねてきた自衛官たちの汗と努力も忘れられてしまうのではないかという不安もあります。

しかし、30年近く歩み続けた自衛隊による国際活動、すなわち世界平和への貢献は、目の前に現れた一つの山を前に立ち止まることになったのです。

1990年半ばにルワンダで民間人が大量虐殺された教訓などから軍事機能強化などを国連に勧告した「ブラヒミ報告」が発表され、現在のPKOは第4世代型と呼ばれる文民保護最優先の平和構築型となりました。

国連は、それまでの「中立的な立場の厳守」から「不偏性を原則とする立場」に変わっているのです。これは、弾圧や虐殺から人々を保護するため「武力制裁で介入する」とした、いわゆる国連憲章7章型と呼ばれるものです。

PKOの活動は、かつての停戦監視や兵力引き離し型の第1世代の頃から大きく変わったのです。それにもかかわらず日本の「PKO参加5原則」はその当時のままですので、PKOへの部隊派遣ができなくなってきたのは当然の流れでした。日本の「PKO参加5原則」は以下のとおりです。

（1）紛争当事者間で停戦合意が成立
（2）紛争当事者が日本の参加に同意
（3）中立的立場の厳守

（4）以上の条件が満たされない場合に撤収可能
（5）武器使用は要員の防護のための必要最小限

現在実施されているPKO全体を見渡せば多くがアフリカに集中し、それらの国の治安はきわめて不安定です。日本の「PKO参加5原則」に適合させるのは難しいものばかりなのです。PKOはおそらく今後も自衛隊が参加できないものばかりになっていくでしょう。

ただし、そのこと自体で落胆すべきではないと思います。むしろ、治安維持任務を担うことが自衛隊の良さを示す活動とはいえず、自衛隊が得意な分野を見つけ出し、参画を図っていくべきとする関係者の声も多く聞かれます。

わが国ならではの「パッケージ支援」

明石康・元国連事務次長は「すべての国が同じ仕方で参加する必要はありません。日本らしい方法で背伸びせずに」と進言しています。施設や通信の部隊、あるいは教育といった分野で実力を示す機会を模索すべきという見解です。

実際、いまPKOに部隊レベルで派遣をしているのはほとんどが途上国です、外貨稼ぎの一環であったり、兵士の教育・訓練の一環と位置づけているようです。つまり、それぞれ自国の都合で派遣しているのであり、日本だけが生真面目に考えすぎているといった感もなくはありません。

具体的な方策としては、南スーダンやシナイ半島で実施しているような司令部要員の派遣を増やすことであったり、また陸上自衛隊がここ数年ケニアで実施しているような能力構築支援型の事業が浮かんできます。これは「アフリカ施設部隊早期展開プロジェクト」（ARDEC：African Rapid Deployment of Engineering Capabilities）といい、土木建設機械を操作する数か月の教育訓練に延べ125人（2019年8月末時点）の陸上自衛官などを派遣、アフリカ諸国の工兵要員211人に対し訓練を実施しています。

この活動は、国連PKOに工兵部隊の派遣を表明した国に対し、日本の工兵部隊である施設部隊が操作方法の教育を施し、日本政府が土木建設機械などの装備についての資金を提供するというパッケージ支援です。

アフリカやアジア諸国にはPKOに参加したい国が多く存在しますが、そもそも宿営地を建設したり道路整備をする能力がないのです。そのため、平素からいつ派遣が決まってもいいようにブルドーザーなど機材の使い方をあらかじめ教育しておくのです。

じつは、自衛隊が整備した道路の上を中国部隊が舗装して中国国旗が立てられているという話も聞いたことがあります。そのような行動は日本人の美徳に反するもので、真似をする必要はまったくありませんが、別の方法で中国との違いや日本の良さを知ってもらうべく、そのための教育や人材育成という手段は相応しいものだと思います。

限られた資源の効果的な配分

陸上自衛隊の施設部隊はまた、国連PKO参加各国の教科書というべき「工兵マニュアル」作成の議長国として中心的役割も担っています。２０１５年に作成し、さらに２０１９年の改訂作業も行なっています。

日本のこうした特徴もあり、長谷川祐弘・ワシントン大学国際関係開発論博士が提言するような「日本に国連のトレーニングセンターを作るべき」という意見もあります。

現在、ＰＫＯ要員派遣国の上位はエチオピア、インド、パキスタン、バングラデシュ、ルワンダと続き、12位が中国となっています。日本は53位（ちなみに米国は75位）です。

下位に位置することを心配する声も聞かれますが、注目すべきは活動の「質」であり、人員の「数」ではありません。途上国部隊には問題行動や、能力がともなっていないなどの実情もあるのです。そのため、自衛隊が担える役割は十分にあると考えられます。

また一方で、北朝鮮が核・ミサイル開発を続け、中国・ロシアが力による現状変更を進めようとするなかで、日本のすべきことは、自国の防衛力を強化することであり、地域を不安定化させないことこそが「国際貢献」ではないのかという声もあります。

不足する人員で多くの任務を担っている自衛隊によって、「積極的平和主義」にどれだけの資源を配分できるのか、という現実的な算段も必要となりますが、他方これまでの海外活動が、自衛隊にとって得がたい経験や手応えを感じる場になっていたことも事実なだけに、それぞれの立場によって、今後の活動の必要性はやや温度差があるかもしれません。

依然として曖昧な「武器使用権限」

ところで、南スーダン派遣では「駆けつけ警護」ができるようになったと大騒ぎになりましたが、本質からかけ離れた議論ばかりが繰り広げられました。

「駆けつけ警護」や「宿営地の共同防衛」を付与されたことから、自衛隊の武器使用権限が拡大することになったことは確かに前進ではあります。

これまで「自己保存型」に限定されてきた武器使用権限が、「任務遂行型」に拡大されたのですが、任務遂行で必要な警告発射などは認められたものの、正当防衛や緊急避難以外での危害射撃は禁じられたままなので、隊員が厳しい判断を迫られる状況が画期的に変わったわけではありません。

武器使用権限の緩和は「よりマシ論」でいえば、少しずつでもなされたほうがいいということになりますが、少しでも変更されれば「よかった」と評価せざるを得ないため、本質的には変わっていないのに「よし」とされるという面があります。

回りくどい言い方をしましたが、海外活動における自衛隊の武器使用については、進化を遂げているものの、依然として緊急時に迷いを生じさせる要素は残っています。

その意味で、海外活動を考えるうえで憲法改正論議は切り離せません。しかし、憲法を変えることが解決策のすべてではないという見方もあります。最後に憲法と海外活動との関係について考えてみることにします。

憲法改正と国連の「集団安全保障」との関係

実際、安倍総理が打ち出しているのは、憲法に「自衛隊」の存在を明記するいわゆる「加憲」です。「加憲」案が出てきたのは、公明党に理解を促すためでもありますが、憲法9条を変更せずとも、少なくとも自国防衛については、これまでの法整備により現憲法下でもかなり有効な活動ができるようになったと確信したのではないかという指摘もあります。

具体的には、2003(平成15)年に成立した「武力攻撃事態対処法」から始まり、先の「平和安全保障法」によって、国難には対処できるようになったという判断ではないかと考えられます。ただし、ここまではあくまでも日本が自国を守るための法整備にすぎず、国際社会の一員としての役割は果たすには不十分です。

これから議論を深めるべきは国連との関係性です。国連の「集団安全保障」の枠組みに日本がどのように関わっていくかがいちばんの課題になっていくでしょう。それなのに安保法制議論で噴出した言葉は「集団的自衛権」ばかりです。私たちの多くは本当の課題を見誤っているのです。

わが国はかねてより常任理事国を目指すと言ってきましたが、そのためには国連資金の拠出だけでなく、この集団安全保障体制に参画することが不可欠です。そして、そこには武力の行使が含まれています。

第二次世界大戦以降、いずれの国においても武力行使が合法とされるのは、国家の自然権として当然の権利「自衛権の行使」（国連憲章第51条）と、国連憲章に基づく「集団安全保障体制」による「武力制裁」（国連憲章第42条）の場合のみとなっています。

自衛権の行使も無条件に認められるものではなく、国連憲章で「国連が集団安全保障措置を取るまでの間だけ認められる限定的なもの」と規定されているのです。

つまり、自国が危ない目に遭っているからといって自国（と同盟国など）だけで防衛をできるのは初めの限られた期間で、その後は「皆で考えて皆で対処する」のです。

しかし日本は憲法9条で「交戦権を認めない」としているため、集団安全保障措置の段階になったら参加しないことになります。

このことについて、日本は憲法の前文で「国際社会で名誉ある地位を占めたい」としているのだからこれに加わることは憲法違反ではないという意見があります。

また、日本は国連加盟時に「われわれは国際連合の加盟国となったその日から、その有するすべての手段をもって、その義務を遂行することを約束する」と明言していることからも、国連で決定された取り組みに参加することは当然だという考え方もあります。

ＰＫＯは国連で合意された集団安全保障措置であり、武力による国際紛争の解決ではないと整理すれば、憲法には反しない行為であるという見解も少なからずあるのです。

さらに憲法98条で国際法規の誠実な順守を定めていることからも国際社会の責務であり、ＰＫＯの主任務が文民保護に変わったとしても、わが国としては積極的に貢献すべきだという見方もありまず。つまり、そもそも憲法違反ではないので、現行のＰＫＯに参加するために憲法を変えるまでもなく、この前提であれば、むしろ「ＰＫＯ参加5原則」を見直す必要があるということです。

そうなると、今後もし憲法改正が「加憲」というかたちになっても、国連の集団安全保障措置への参画可能性もあり得ることになります。もちろん憲法9条にある「交戦権の否認」の条文がなくなれば壁は取り払われることになりますが、いずれにしても、現在のところ、決断を迫られた時に私たちの心の準備も政治判断も追いついていないのです。

新しい時代にふさわしい議論を

ここで改めて、国連決議に則って決行された1991年の湾岸戦争を振り返ってみます。湾岸戦争は「アメリカによる戦争」と、よく言われていますが、実際にはイラクのクウェートへの侵略行為に対し、攻撃を行なうまでしっかりとした手順を踏んでいます。

国連憲章どおりに「非難」→「経済制裁」→「武力制裁」と続いて安保理で決議され、この決議を実行する組織として多国籍軍が編成されました。そして「集団安全保障措置」としてイラク軍をクウェートから排除したのです。

こうした正当なプロセスを経て実施される行動において、私たちは自衛隊にどんな役割を担ってもらうべきなのかについて本質的な議論をしてきませんでした。

もちろん「国防」が第一義ですが、もはや1国だけでは国の平和と国民の生命を守り切れないというのが常識です。孤立主義では情報ひとつ得られないのです。

「アメリカ追随」であるとか「集団的自衛権」「駆けつけ警護」など、日本国内では矮小で極めて限定的な項目が議論の的になりがちで、それに阻まれるかたちで、本質論にまで行きつくことがまだできません。

ちなみにドイツは、湾岸戦争には参加せず多国籍軍への資金提供に留めていましたが「小切手外交」と批判されたことを受け、それまでNATO域外の派兵を禁じていた法解釈を変更することになりました。1994年にドイツ連邦憲法裁判所は「集団安全保障体制の枠組における出動は合憲である」との判決を出しています。この判決の結果を受け、その後は法も整えたうえでアフガン戦争にも参加しています。

改憲論議もひじょうに大事ではありますが、日本の集団安全保障体制への関わり方について、早急に議論を深めていく必要があるのです。

自衛隊のリスクも考慮しなければならない問題だけに、簡単に結論は出せないと思いますし、自衛隊員はもちろん、その家族、そして国民全体にとっても大命題になることでしょう。しかし、少なくともいま、的外れな議論に明け暮れている場合ではないのです。これが、「令和」という時代の課題になるのではないでしょうか。

最近、中東の情勢悪化と米国トランプ大統領の「自国船舶は自国で守るべき」との発言を受け、政府は自衛隊の派遣を検討しているようです。報道ベースでは、2019年11月末現在、その根拠、目的、規模、活動内容・地域など、全体像は明確でありませんが、(本書に記された)これまでの自衛隊の海外活動の実績や課題を最大限に考察しつつ、地に足のついた現実的な議論を重ねて結論を導いてもらいたいと願っています。

最後にこのようなリアルな手記を執筆していただいた皆さま、それらを掲載していただいた自衛隊家族会の防衛情報紙『おやばと』編集部、資料や写真の提供、校正などに協力いただいた自衛隊家族会事務局の皆さま、そして並木書房編集部に心より敬意を表し、感謝申し上げます。

桜林美佐（さくらばやし・みさ）
防衛問題研究家。1970年生まれ。日本大学芸術学部放送学科卒。TV番組制作などを経て防衛・安全保障問題を研究・執筆。2013年防衛研究所特別課程修了。防衛省「防衛生産・技術基盤研究会」、内閣府「災害時多目的船に関する検討会」委員、防衛省「防衛問題を語る懇談会」メンバー等歴任。安全保障懇話会理事。国家基本問題研究所客員研究員。著書に『奇跡の船「宗谷」』『海をひらく－知られざる掃海部隊』『誰も語らなかった防衛産業』『自衛隊と防衛産業』（以上、並木書房）、『日本に自衛隊がいてよかった』（産経新聞出版）、『自衛隊の経済学』（イーストプレス）、『自衛官の心意気』（PHP研究所）、『自衛隊の実像～自衛官24万人の覚悟を問う』（テーミス）、『自衛官が語る災害派遣の記録（監修）』（並木書房）他。

公益社団法人 自衛隊家族会
「自衛隊員の心の支えになりたい」との親心から自然発生的に結成された「全国自衛隊父兄会」が1976（昭和51）年「社団法人」、2012（平成24）年に「公益社団法人」として認可され、2016年に「公益社団法人自衛隊家族会」と名称変更。現在、約7万5千人の会員が国民の防衛意識の高揚、自衛隊員の激励、家族支援などの活動を全国各地で活発に実施中。防衛情報紙『おやばと』を毎月発行、総合募集情報誌『ディフェンス ワールド』を年１回発行。

自衛官が語る**海外活動の記録**
―進化する国際貢献―

2019年（令和元年）12月15日　印刷
2019年（令和元年）12月25日　発行

監　修　桜林美佐
編　者　自衛隊家族会
発行者　奈須田若仁
発行所　並木書房
〒170-0002東京都豊島区巣鴨2-4-2-501
電話(03)6903-4366　fax(03)6903-4368
http://www.namiki-shobo.co.jp
図版制作　神北恵太
印刷製本　モリモト印刷
ISBN978-4-89063-394-4